Montessori Education × Multiple Intelligences

蒙特梭利×多元智能親子教育

0~6歲關鍵期，陪孩子開發全方位潛能！

日本閃耀Baby學院理事長

伊藤美佳／著

劉艾茹／譯

八方出版

前言

不只是讀書，而是要引導出孩子特有的才能

蒙特梭利教育現正受到廣大的矚目，在美國由於培養出諸多著名人士而有名氣，不過在日本則是屬於比較小眾的教育法。

據說，將棋界的藤井聰太[1]在幼兒期是接受蒙特梭利教育，所以近期蒙特梭利教育在日本漸漸受到重視。

我在幼稚園和托兒所工作的26年當中，有9年是擔任園長的職務，而其中有幾所就是採取蒙特梭利教育。

之後我便成立了從0歲起的嬰幼兒親子教室「閃耀 Baby 教室」和「閃耀 Baby 托兒所」，至今指導過的嬰幼兒有15000人以上，且與9000組的親子進行過交流。

透過這樣的經驗我發現，成績優異的孩子、運動細胞發達的孩子、長大成人後在職場發光發熱、無論在任何領域都能夠展現才能的人，都是從小沒受到父母的壓制，而且自我意識充分受到尊重的人。

孩子擁有的能力充滿著無限的可能性。而我選擇哈佛大學的哈沃德・加德納教授提倡的「多元智能理論」來培養出高人一等的才能。

加德納說：「人的能力是無法以IQ這種單一的標準來衡量的」、「身為人類，任何人都擁有複數的智能」，像是語文智能、數理邏輯智能、音樂智能等「8種智能」為範疇。

我則是以這個理論為基礎，增添了1項智能改良成適合日本人的「9種智能」架構，目的是能夠多元地引導並發揮出各個孩子所擁有的獨特能力。

蒙特梭利教育強調在進小學前的各種場面提供孩子能夠集中精神，並提升專注力到最高等級，這是為了讓孩子在面對擅長、喜歡的事物能夠提升到「無人可敵的才能」時不可或缺的能力。

藤井聰太成功成為最年輕的職業棋士，我認為是發揮透過蒙特梭利教育所培養出的驚人專注力所致。

1 藤井聰太，2002年7月19日生，日本將棋棋士，師從杉本昌隆七段，其棋士編號為307。2016年9月開始就讀於名古屋大學教育學部附屬中學。21世紀出生的首位日本將棋職業棋士。目前是日本將棋史最長連勝紀錄（29連勝）的保持者。

其他接受蒙特梭利教育的著名人士還有以下這些：

- 巴拉克・歐巴馬（前任美國總統）
- 柯林頓夫婦（原美國總統和國務卿）
- 比爾・蓋茲（微軟創始人）
- 馬克・祖克柏（Facebook 創始人）
- 賴利・佩吉和謝爾蓋・布林（Google 創始人）
- 傑佛瑞・貝佐斯（Amazon 創始人）
- 吉米・威爾斯（維基百科創始人）
- 彼得・德魯克（經營學家）
- 加布列・賈西亞・馬奎斯（作家）
- 喬治・克隆尼（男演員）
- 安・海瑟薇（女演員）
- 碧昂絲（歌手）
- 泰勒絲（歌手）

政治人物、創業家、學者、作家、演員、歌手……等，由此可見啟發了非常多樣性的才能。

想要提升才能到底要在幾歲時做些什麼好呢？

關鍵是進小學前的嬰幼兒期（0～6歲）。在這個時期，凡是發現孩子有感興趣的事物的話，我們就盡量提供能夠對於這個事物專注的環境。

或許有人會認為「還太早了吧」，不過這個階段所經歷的事物會影響到長大成人後的發展，讓才能更加發光發熱。

話說為什麼一再強調嬰幼兒期的重要性，這是因為進到小學前的階段是孩子提升能力最關鍵的時期。

尤其在腦科學的領域中提到，在3歲之前大腦神經細胞網絡的基礎就會成形。

在這個影響腦部發展最重要的時期，父母給予孩子什麼樣的體驗便大大影響將來可以發揮出來的能力。

「想要更加提升能力」的欲望是孩子與生俱來的心理，一切都是為了成長。但在大人眼中往往被認為是「固執」、「不聽話」、「沒在聽人說話」、「挑戰不可能的任務」等令人頭痛的行為。

我經常聽父母親或教育學家談到這方面的煩惱。父母說：「不可以！」來禁止孩子的行為時，孩子通常會生氣或是哭泣。這不是因為挨罵感到不甘心而哭，父母認為「不要這麼任性」的行為，事實上孩子只是單純想表現出「我想要多使用這個能力！」、「拜託再多幫我引導出能力啦！」的訴求。

雖然要視情況而定，但基本上進小學前的階段只要把握「不需要讓孩子忍耐（尊重孩子的想法）」即可。

上小學前透過嘗試各種經驗養成專注、集中精神的習慣，為往後的人生建立堅強的「基礎」。

當我這麼說的時候，有不少父母會擔心「不讓孩子學會忍耐會不會變得任性，以自我為中心呢？」。

在此書的例子裡也會介紹到，只要孩子的心靈得到滿足就會有餘力考慮他人的感受，溝通能力也會提高所以不用擔心。

要如何度過AI（人工智能）的發達與號稱人生１００年的時代呢？填鴨式教育的知識已經跟不上時代了。

不論活在什麼樣的時代都能夠派上用場的是「自己思考且能夠自己解決的能力」、「相信自己的能力」、「良好的溝通能力建立多元的人際關係」這些一般的能力。

本書以「在家庭中可實踐的事」為主，介紹如何提升孩子生存能力的40種方法。

請從做得到的事情開始做起。

想必孩子會變得更積極，而你也會自然地面帶笑容了起來。

伊藤　美佳

目錄

Chapter

1 每個孩子都擁有「天才的幼苗」

Chapter

2

用「9種智能」發展出適用於全世界的才能

2

Chapter

3

啟發孩子的才能關鍵在於「專注力」

Chapter

4 啟發孩子才能的8個心得

Chapter

5

培養出運動神經優異的孩子「運動」的心流

Chapter

6

提升學習能力「智能」的心流

Chapter 7

培養豐富情感「感性」的心流

Chapter 8

良好的人際關係養成「社會性」的心流

每個孩子都擁有「天才的幼苗」

孩子的才能不完全是與生俱來的，
必須倚靠後天的啟發。
特別是嬰幼兒時期的過程
會大大影響孩子將來的發展。

藤井聰太棋士也受過的蒙特梭利教育

≫父母是扮演「啟發孩子能力」的角色

此書的標題蒙特梭利教育是由義大利史上第一位女醫師——瑪麗亞・蒙特梭利所提出。

蒙特梭利教育的基本思維如下：

「孩子與生俱來就擁有自我成長並提升的能力，而父母或老師等大人們必須去了解孩子在成長過程中的需求且保障其自由，並同時扮演支援孩子們自發性活動的角色才行。」

「愛心口袋」

也許聽起來會覺得有點嚴肅，不過我本身是這麼理解的：

蒙特梭利教育的根本為「培養孩子獨立，父母必須扮演陪同、陪伴的角色，且以啟發孩子的能力為前提，絕對不要插手幫忙。」

透過媒體的報導開始受注目的是蒙特梭利教育之一的「愛心口袋」。這是將有切痕的長方形紙張交叉編織成愛心形狀的口袋摺紙。

3歲時的藤井聰太也熱衷於製作這個愛心口袋，而且還居然做了有100個之多。

實際嘗試著做做看就知道其實愛心口袋並不簡單，連大人一開始也會碰釘子的高難度。

上下交錯著色紙必須具備抓取、穿梭、提拉等綜合性的能力，且按照順序一個一個步驟去學著完成才行。

蒙特梭利教育不僅是這個愛心口袋，而是強調備妥能夠專注到忘我的教具且孩子在這個環境下能夠自由地選擇。

透過各式各樣的教具培養有韻律性的活動筋骨，還有五感、語文敏銳度、數字概念等。

≫家庭教育影響孩子成為「獨立的孩子」或「等待指令的孩子」

我本身不僅有在一般的幼稚園工作，也有在導入蒙特梭利教育的幼稚園工作的經驗。

而我有長男、長女、次女3個小孩，長女跟次女都是送去採取蒙特梭利教育的幼稚園，實際上透過自身的經驗來比較一般幼稚園和採取蒙特梭利教育幼稚園的差異。

以我的經驗來看，這兩個幼稚園在成長過程中所培養出來的能力上有很大的差距。

舉例來說，一般的幼稚園要到開學的當天才知道孩子們接下來要進行什麼活動內容，所以孩子們理所當然地會接受老師的指示行事。

在這樣的幼稚園孩子會很聽話且懂事，但是孩子們並沒有機會自己思考，只是「聽命行事」而已。

雖然在幼少時期乍看之下還沒有太大影響，但其實會變得欠缺解決問題的想法和出社會後不可或缺的應變能力。

一方面蒙特梭利教育幼稚園充滿了讓孩子自由發展的環境，絕對不會出現一般幼稚園老師規定說「做這個」、「不能做那個」的情況。

在這樣的環境下長大的孩子會自己動腦筋，選擇自己的人生規劃。

另外，經歷過老師「認同」的孩子會非常信任老師，不會做出自我中心的行為。

蒙特梭利教育的特徵是培養出孩子的自立心。
我養育孩子的最終目標是讓孩子學會「獨立」。

AI時代需要的能力是？

「管理式教育」真的沒問題嗎？

時代變幻無窮，而教育單位仍依舊採取管理式的教育為主。父母或師長們灌輸其價值觀，造就只要遵從大人們的指示就會被誇的「乖孩子」。

孩子們在這個過程中會誤以為「不能隨心所欲地去做想做的事」。甚至連去個洗手間也會猶豫，有不少孩子還會憋著。

在這樣的環境下生長的孩子，當他在找工作的時候會不知道自己適合什麼工作，迷失人生的方向。

出社會之後依然是「等待指令」，無法自己創造出新的事物或價值觀。

現代社會強調「接下來的時代注重的是自我的特色」，這是和管理式教育相反的概念。但習慣聽命行事的孩子並不清楚自己的特色、喜歡的事物、擅長做什麼，迷失方向。

一直以來都是被迫壓抑自己的個性，事到如今說要發揮自己的特色也不知道從哪裡著手才好。

我女兒在美國留學時，在各種情況下面臨各式各樣「需要表達自己意見」的場面，而類似於美國這種有各國人士聚集的地方必須提出自我主張才能夠找到屬於自己的歸屬。在日本，如果過於提出自己的主張、意見則會顯得很突兀。我女兒在幼稚園是接受蒙特梭利教育，但之後都習慣一般的教育方法，導致剛留學時無法馬上表達出自己的意見。想必往後在日本也會強調表達自己的主張、意見的重要性吧。

可以集中精神的環境才能夠啟發才能

孩子們接下來的人生還很漫長。

如何順利地活過100年時代?父母必須要從嬰幼兒時期就開始營造孩子能夠熱衷於有興趣的事物的環境才行。

集中精神來發揮自我才能,縱使是嬰兒也會感到心滿意足。自己從頭到尾做到好這樣的成功經驗可以建立自信心。在這樣的環境下長大的孩子會很有自信,而且長大成人後自我肯定的程度也會很高。即使偶爾感到失落也會馬上振作起來。

另一方面父母不斷地叫孩子「不能這麼做」、「快去做某某事」,在這種環境下長大的話,孩子的自我肯定度會降低,且人生只要遇到瓶頸後就很難振作起來,最後很有可能會變成繭居族或尼特族。

我女兒在幼稚園接受蒙特梭利教育，當時的小小成功體驗為往後的人生打了基礎，我認為這是成為她在挑戰事情時的原動力。

她目前以成為舞台劇演員為目標前進，在舞台劇的聖地——紐約表演音樂劇。我認為她勇於挑戰的精神來自於幼兒時期的教育所培養出的自信心。

≫培養「自己思考的能力」

因為AI（人工智慧）的發達，不久的將來會有不少工作將由電腦代替，網際網路等IT相關技術也將更加蓬勃發展。我們很難想像10年後世界會變成什麼樣子。

現在的孩子必須具備活在這個世代的能力。當然入學考試的重要性並不會在短期內就改變，不過以往這種填鴨式教育到底有多大的價值呢？需要背誦的知識現在只要在網路上搜尋馬上就可以得到解答。

將來AI和IT技術愈來愈發達，人類必須具備的能力就不再是記憶大量的知識。

Chapter 1

而是「這麼做就可以解決問題」、「這種想法也可以」等這般自我思考的能力。

在這個瞬息萬變的時代，我認為社會上需要的是擁有臨機應變思考能力的人吧。

而現在正是即將進入人生100年世代的時刻，一生只做同一件事的人應該是極少數。必須用自己的腦袋思考出跟得上這個時代的想法才行。

這時如果只是等待某人的指令的話，可以想像人生將無法活得精彩。

過度干涉孩子教育的父母會剝奪孩子的興致

≫什麼時候學會什麼能力是由孩子自己來決定

身為父母，陪伴孩子的成長和協助雖說是不可或缺的元素，不過實際上站在父母的立場往往會心急地說：「現在已經幾個月了應該要達到這個程度」、「想領先其他小孩一步」等。

關心孩子教育的父母會不自覺地忽視孩子的自主發展階段。

例如：為了報考私立小學的入學考試，有些父母會一大早就叫孩子寫評量或是練習靜靜地坐在椅子上。

雖然表面上孩子聽父母的話「乖乖地做這個做那個」，但實際上內心很有可能都一直在忍耐也說不定。

心不甘情不願的狀況下只會感到痛苦，導致學習效果不彰。

孩子們都清楚自己的能力，所以如果覺得需要，會主動積極地去嘗試。相反的，認為「現在還不是時候」的情況下，就會完全不感興趣，在這個時候強逼孩子的行為只會造成反效果，不僅是效率差，甚至會讓孩子感到厭惡。

什麼時候學會什麼能力是由孩子自己來決定。只要時機到了，孩子自然就會主動地專注去嘗試了。

雖然父母會為了想要擴展孩子的可能性讓他多嘗試各種活動，但孩子不感興趣則表示「現在還不是時候」，這時就換個事情讓他們試試看就好。

≫出生後4個月就可以抓住「欄杆」垂吊的理由

那這個時機到底什麼時候才會來臨呢？

例如：孩子玩玩具正專心的時候，是由「透過這個動作想學會某種能力」的本能在操作。

人會依據每個發達階段逐漸地學會相關的能力。

握住手這個行為就是一個很好的例子。剛出生不久的寶寶在離開媽媽的肚子後也能生存下去是因為一出生就會出現「反射動作」（與生俱來的反射機能）。「抓握反射」是屬於原始反射動作之一，抓握反射是當媽媽觸碰寶寶的手時，寶寶會緊緊抓住的反射動作。

為了生存抓住東西的能力是不可或缺的，所以當還在幼少時期時身體就會自然而然地學會這項能力。

不過抓握反射通常在過了6個月之後就漸漸地減退。

出生6個月以前有充分經歷過抓握行為的孩子，他的「抓握」能力就會變強。其中還有寶寶的抓握能力發達到可以抓住媽媽的大拇指懸空甚至還不會掉下來（寶寶可能會突然鬆手，所以實際要嘗試的時候請在安全的地方嘗試）。

在我幼兒教室的學員中有可以吊掛在欄杆上擺盪的4個月大的嬰兒，據說在世界的游泳界中發光發熱的池江璃花子選手從小也常常在玩欄杆呢。

充分使用「抓握」能力後接下來就學會如何「鬆手」了。

現代有些孩子並沒有充分使用到「抓握」能力導致無法順利鬆開手掌，開始爬行時甚至是握著拳頭在爬。

相反的，沒有充分經歷過抓握的孩子相對地無法真正學會「抓握」能力長大。

這麼一來不只是不擅長爬欄杆，也會影響到運動或日常生活造成不便的情況發生。

要激發孩子的各種才能都有各自最適當的時期，後面還會再仔細說明。

因此在適當的時機備妥必須的環境是身為父母的重大責任。

站在科學的角度上「從小看大，三歲看老」是真的

》「腦部的基礎」在3歲之前完成

從小透過玩樂的各種經驗，以腦科學研究結果也得知是非常有幫助的。

寶寶出生時大腦就帶有140億個神經細胞，而這些神經網絡連結的數量如果愈多，則表示愈能夠有效使用腦部機能。

腦神經細胞天生就會透過學習或體驗獲得更多的連結進而形成新的網絡。

但以腦科學的角度來看，據說大約在過了3歲之後不管再怎麼刺激神經細胞也很難再連結起來了。

另外，腦的神經細胞在出生的瞬間數量最多，之後會不斷地減少。成功存活的腦細胞

大約只有30%左右，長大成人後這個30%的比例也不會改變，意思就是說要靠在3歲時所留存下來的神經細胞度過這一生。

這表示在3歲前腦部的基礎已經完成，且要用這個大腦活一輩子。

想要有效地啟發大腦的潛能必須要刺激各種領域的神經細胞，讓細胞和細胞之間連結形成更綿密的神經網絡。

我們人類的構造是在刺激神經細胞後神經迴路之間才會產生連結，而後得到這個能力，大腦內部的神經迴路的網眼愈多就表示有辦法激發出愈多的能力。

即使已經超過3歲了也不用太過於悲觀。

有研究顯示第1次形成神經細胞網絡的高峰是在0～2歲的時候，接下來是3～5歲，不過在上小學前的6歲左右有經歷過不少體驗的話還是來得及的。

》在不在行都會在嬰幼兒時期決定

把握這個時期透過各種遊戲或運動來打好啟發能力基礎的孩子在長大後不管是嘗試什麼新挑戰，也能夠在短時間內學起來。

到3歲之前如果有接觸過美妙的音樂據說會刺激聽覺相關的神經細胞發達起來，如果聽覺發達就有辦法分辨語言的不同，語文能力也會進步。

另外，像是絕對音感這種才能據說也是跟3歲前所接觸過的經驗有很大的關係。在這個階段比起沒有接觸過優美音樂的人，有接觸過的人在長大後學鋼琴時會學得比較快，事實證明有一定的基礎就有辦法在短時間內學會。

我本身的經驗是，小時候爸爸常常放莫札特的音樂給我聽，所以長大後也自然而然喜歡上音樂且從不會感到吃力。事到如今回想起年幼時的音樂體驗勢必是造就長大成人後的正向效果。

相對的，如果在這個階段都沒有被使用到的神經細胞會被淘汰，而這些神經細胞的相關領域會讓人感到棘手。有句俗語說：「從小看大，三歲看老」，這在腦科學的領域也得到證實。

在還小的時候嘗試各種體驗，換個說法也就是在鍛鍊「聰明度」。

藉由小時候的經驗讓腦神經細胞的連結變多，長大後就會知道要如何動腦筋思考找出解決問題之道。

建立影響一生基礎的「敏感期」

》「敏感期」是啟發才能的重要時期

孩子的成長過程中都會出現「在這個時期這項能力會變強」的情況。蒙特梭利教育稱這種時期叫做「敏感期」。

敏感期定義是年齡在6歲之前，且影響未來的人格和人生的基礎，所謂的發達敏感期通常是出現在3歲之前較多。

這和前文所提到的腦神經細胞網絡連結的時期重疊並不純屬巧合。

敏感期是由生物學家的許霍・德弗里斯所提出的，這是生物與生俱來的能力，且只會出現在某個時期。

蒙特梭利教育認為這個敏感期也適用於人類。

意思就是孩子們在某個時期適合加強某個能力這個是天生就有的習性。

而，嬰兒出生後自己會知道在什麼時期發揮天生就擁有的能力是最恰當的。

例如：像寶寶的「抓握」、「拉扯」等基本能力也是在適當的時期提供適當的環境訓練變得更發達。

那麼孩子們是如何在敏感期來臨時啟發本身擁有的能力並引起想要更發達的欲望呢？

平時的玩樂就是其中一個例子。透過各式各樣的遊戲學會如何活動身體和與人溝通的能力等。

例如：抽繩子遊戲這樣的玩具可以培養抓繩子、拉繩子等運用手部的能力。用會發出聲音的玩具和父母一起唱唱跳跳可以訓練溝通能力和肢體表現。

而前文提到在3歲之前經歷過的各種遊戲或體驗都會促使腦神經細胞網絡連結起來，

激發出腦部的潛能。從腦神經細胞連結的時期和敏感期重疊的概念可以得知，藉由各種遊戲和體驗會使孩子們的大腦更加發達。

孩子們都期盼透過玩遊戲或玩具成長，當寶寶在哭的時候有可能是「肚子餓」、「想睡覺」、「要換尿布」、「寂寞」等各種原因，但還有可能是因為「想要多玩一點」這個理由而哭泣。

寶寶可能會因為手中玩具被拿走而哭，這個時候通常是由於他們正在專心靠「玩玩具」來發掘自己的能力。

實際上如果拿玩具給不知道為什麼在哭的寶寶的話，有多數的情況是馬上不哭反而在專心玩了。有很多父母認為「如果寶寶哭了就抱抱他」，育嬰書也是這麼寫的。

不過事實上，其實只是想表達多玩一點的欲望而已。

在敏感期期間的寶寶常常會表現出某種「心流（深度集中精神）狀態」的傾向，詳情我們稍待細說。

拿著玩具自己一個人默默地專注並不斷重複同樣的動作，隨後滿足了就會笑容滿面……當孩子們進入心流狀態時我們可以理解成他現在已經進到敏感期了，大人們就盡量去協助孩子能夠更專注在這些事上。

「運動」的敏感期

每個孩子一出生就擁有「在這個階段可以加強這個能力」的習性，而敏感期分為「運動」、「感官」、「語文」、「秩序」等好幾個種類，在此我拿具代表性的三種為例子說明。當了解孩子的敏感期後和他們相處時，即使乍看之下無法理解的行為也會明白其原因，進而協助增強這些能力。

首先是「運動」敏感期。寶寶會搖擺手腳或經常活動手指，像這些都是一出生就開始在學怎麼「運動」。

也就是說，運動敏感期是從一出生的0歲一直持續到6歲。

對寶寶來講，站、坐、搬等動作就是所謂的「運動」，而這些動作會愈做愈好，將來也會變得獨立。

前文提及的抓握反射也是敏感期會出現的行為之一。

藉由抓握的反射動作來訓練緊握的力量，進而提升運動能力。

一般孩子出生後都會依序由匍匐前進↓俯爬↓狗爬式↓攀扶站立漸漸變得會走路，透過這種肢體活動來鍛鍊所需的肌肉強化體幹。

所以當時機來臨，寶寶自然就會開始爬行了。

不過近年來家庭結構多以核心家庭為主，養育孩子的空間都不大。房間太小導致可以自由爬行的空間也變窄，有不少寶寶反而更容易攀扶著沙發或是桌子站起來。

如此一來，寶寶在還沒有充分訓練肌力或體幹的情況下就開始走路了。

現在有不少孩子在進幼稚園後沒有辦法立正或是靜靜地坐在椅子上，反而會倚靠在牆上或是癱著坐。

這也是因為在運動敏感期時沒有充分鍛鍊到肌力或體幹所造成的。

順帶一提，來上我的幼兒教室會發現進行各種遊戲和體驗後，昨天還做不到的事突然就成功了……這種現象還不少呢！

前陣子才開始爬行和攀扶站立的孩子，突然自己站起來在教室走動，事情發生得太突然媽媽也感到非常驚訝。

在教室裡透過各種運動和遊戲刺激腦神經細胞連結，會做的事情也變多了。

另外，寶寶在仰著的時候會擺動手腳也是運動敏感期的現象之一，這是在用肢體表現出想要更加提升自己的運動能力。在這個時期可以讓寶寶以趴著的姿勢協助他能夠俯爬，寶寶會在不斷地擺動手腳的途中往前移動一點點得到「我前進了」的成就感。

像這種成功的體驗會促使運動能力更加地發達，也會影響到長大後的體力和耐力。

「感官」的敏感期

感官敏感期是指觸覺、視覺、聽覺、嗅覺、味覺等五感迅速發展的時期。處於敏感期0～3歲的孩子能夠辨別出各種細微的差異和意味（氛圍）。

例如：以「視覺」來說，微妙的顏色深淺或差異通常大人都會忽視而孩子卻有辦法辨別出來，因此在感官敏感期拿24色裝的蠟筆給孩子的話，他們有辦法畫出色彩繽紛的繪畫。

所以我建議大家從小就去美術館多多接觸用色繽紛的藝術作品。

來上我幼兒教室的媽媽們跟我說了件令人非常欣慰的事：

「前陣子帶我家2歲的孩子去美術館看畫展，之後在回顧那個畫展的簡介時小孩對我說：『媽媽，這個畫我們上次有去看過對吧』，無論多小的孩子都會對好的作品留下深刻的印象我感覺好欣慰喔。」

帶小小孩一起去美術館或許會覺得有點不方便，不過盡量讓他在敏感期多接觸一流的作品是好事。

這些經驗事後都會對於激發孩子的才能有正向的幫助。

以「聽覺」的層面來說，在敏感期聽美妙的音樂是非常重要的，基本上推薦長年受到優良評價的古典樂，從小接觸優質的音樂可以激發出音樂相關的才能。

同時讓聽覺變得發達分辨詞彙的能力也會提高，學習外文時變得更容易。

不只放音樂，也有一些父母還會拿寶特瓶裝彈珠或是米粒等各種東西在裡面搖晃給孩子聽，父母能做的事很多元。

另外，「嗅覺」方面的話在感官敏感期時聞各種氣味的體驗是非常重要的，出門散步時感受風的吹拂聞聞花香，或是可以在做菜時讓孩子聞聞蔬菜、水果的香味也行。

觸覺的話孩子會在散步時對各式各樣的事物感興趣想要去觸碰，身為父母或許會覺得「會弄髒不要去摸」、「沒時間了要趕快回家」，而且有時會罵小孩說：「不可以碰！」。但這完全是父母只顧自己的想法。

雖然費神也費時，不過摸摸花朵或葉子、捏土這些體驗都是培養孩子感官的重要時刻，只要有空就盡量陪伴孩子的好奇心吧。

孩子在感官敏感期時經歷了刺激五感的各種體驗後，情感會變得豐富且會成為擁有表達能力的大人。欣賞美麗的風景、風格獨特的美術作品時，感動程度想要變得更深的關鍵在於感官敏感期的經驗提升孩子們的感受力。

》「語言」的敏感期

語言的敏感期是指0到3歲之間想講話到欲罷不能的時期。要學會世界第一難理解的日文的話，必須把握在語言敏感期時多接觸日文。

反之，到了國中以後才開始學英文卻怎麼樣都學不好，是因為沒有在語言敏感期接觸英文所致。

嬰兒還不會說話所以無法進行對話，不過並不代表聽不懂大人們說的話。雖然還沒辦法開口講話，但會試著去了解對話的內容。突然有天能夠開口說話也是透過這些語文體驗所累積出來的。

寶寶即使不會講話，也盡量多多跟他講話吧。

就我看過這麼多對親子的情況來看，**父母常常跟他說話的小寶寶會比較早學會講話，也有比較早理解的趨勢。**

搭電車時我常常會看到推著嬰兒車的媽媽在滑手機，而有時候小寶寶看著窗外的風景彷彿是發現了什麼似地突然變換表情。

見到這種情況我都覺得很可惜，對於孩子而言這正是理解語言最好的機會呢。

如果孩子在看飛機就告訴他：「飛機在飛喔」，縱使現在還不會講話也會結合語言和眼睛所看到的事物去理解「那個就是飛機」。

每當要穿鞋子時都提醒說：「從右腳開始穿」、「接下來是左腳喔」，這麼一來孩子會比較容易理解左右的區別。

當孩子還小的時候，大人們往往會因為寶寶太可愛不自覺地想要使用嬰兒用語，不過向孩子說話時用跟大人相同的說話方式會幫助對於語言的了解。

例如有不少人在看到狗時會說：「那是狗狗」，如果在後面加上「那是狗喔」這樣教會更容易聯想語言和現實中的狗是同樣的東西。

調皮搗蛋是成長的徵兆

》「想要更提升能力」才會調皮搗蛋

「孩子有所謂的敏感期，有現在想要加強的能力」，在了解了這個觀念後會對孩子調皮搗蛋的行為改觀。

照顧小嬰兒的媽媽光是餵奶、哄睡等就夠忙碌了，在這種時候如果小孩不聽話又調皮搗蛋的話恐怕會罵說：「不可以！」、「給我差不多一點！」。

我自己在帶孩子的時候也常常會感覺神經緊繃，不自覺地對孩子出氣過。

但調皮搗蛋是孩子成長的徵兆。

例如：有孩子把抽取式衛生紙從盒子裡抽出好多張出來，以大人的角度來看會認為這搗蛋真令人頭痛，並說：「快住手！」制止他們繼續下去。

站在孩子的立場來說他們這些行為並不是故意想要調皮搗蛋讓父母困擾的。

他們不過是透過抽取衛生紙這個行為來強化本能中「抽取」的能力而已，且這是孩子在成長過程中必經的過程。

如果讓那孩子抽衛生紙抽到高興不去制止，他會到某個程度後露出滿足的表情停止抽衛生紙了，而且大部分都不會再做出類似的行為。

這是因為孩子把這個動作做到高興感到滿足了。當孩子充分體驗抽取這個動作提升其能力後，會把興趣轉到使用其他能力上。

反之，每次在抽衛生紙時都被父母制止的孩子的狀態屬於不完全燃燒，所以會不斷地重複「調皮搗蛋」，而父母每次都責罵說：「要講幾遍才會懂！」心情更煩躁陷入惡性循環。

在這種環境生長的孩子長大後和大人之間的關係並不融洽，且精神狀況也會不太穩定。

調皮搗蛋對於父母而言乍看之下都是令人惱人的事，不過對孩子來講不過是集中精神專注在提升自身能力而已。

但如果只是持續觀望孩子的調皮搗蛋的話，還是會有提高孩子頑皮個性的可能性。不過他會成長為精力充沛且長大後也會盡情發揮在嬰幼兒期訓練出的能力。

另外，這種類型的孩子會因為知道自己被父母所接受而感到安心，影響往後在成長的過程中與他人關係良好且精神狀況也會非常穩定。

父母親以愉快的心情接受孩子的行為

當你明白「孩子透過調皮搗蛋在成長」這個概念父母不會感到煩躁，孩子也能夠盡情地發揮其能力。

如果衛生紙被全部抽完會覺得困擾的話，可以提供其他的玩法做替代。

例如：利用家裡現有的東西來製作可以啟發「抽取」這項能力的玩具。

拿條手帕和孩子做類似拔河的遊戲也可以。

如果因為孩子「拿什麼丟什麼」而煩惱的話，可能正處於想充分使用「丟擲」這項能力的時期。這時可以拿皮球等拿來丟也不會有什麼大問題的東西給孩子吧。

了解到「調皮搗蛋是孩子成長的徵兆」後，從前認為的調皮搗蛋行為也會轉換心態說「好吧，就讓他試試看」自然地接受。

當孩子正專心在調皮搗蛋時會認為「他在專注！是想要長大吧」、「想必是孩子自己思考後才做出這些行為」、「讓他玩得盡興」反而會以愉快的心情接受孩子的種種行為。

而且會鼓勵孩子，更積極地去找能夠專注的遊戲。

一直以來認為是調皮搗蛋的行為如果想成是孩子成長的徵兆的話想法瞬間翻轉180度，養育孩子也會變得更有趣。

用「9種智能」發展出適用於全世界的才能

每個孩子一出生就擁有多項才能。
要避免不要埋沒了孩子的才能
啟發出其能力，
關鍵在於必須抱持著多元化的視角。

運用「9種智能」發現孩子隱藏的能力

≫無法單用IQ來衡量孩子的能力

談到孩子的「智能」有不少人第一個聯想到的是「IQ（智商）」。
雖然IQ是測量智能的指標之一，不過單就IQ無法衡量擁有無限可能性的人類的能力。人的能力是非常多元的。
即使IQ指數不高卻表現非常活躍的人不算少數。
至今我和很多孩子相處，發覺「這孩子原來有這麼棒的才能啊！」的情況，有好多次都被孩子多元的能力所驚豔。

所以說我改變了想法認為孩子的能力不單純只有一個層面而已，而是必須要以多元的視角來了解並設法增強其能力。

我在經營幼兒教室和托兒所時最重視的是蒙特梭利教育和「多元智能理論」。

多元智能理論是由哈佛大學的哈沃德・加德納教授提倡，認為人類擁有8種智能。就像是人有長短處一般，會依擅長與否顯示出某種智能較高，而某種智能較低的理論。

例如將棋選手藤井聰太和職棒選手的大谷翔平都發揮非常優異的能力，但如果把這2位用IQ這單一標準來比較優劣並不具有太大的意義。這是因為他們各自在擅長的領域發揮各自擁有的智能達到超級一流的成果的緣故。

多元智能理論中人類擁有8種智能（語文智能、數理邏輯智能、空間智能、肢體動覺智能、音樂智能、人際智能、自我智能、自然智能），而我以長年的嬰幼兒教育的經驗提倡為日本人量身訂做，適合日本人特性的「9種智能」來觀察孩子的成長過程。

以「9種智能」來挖掘孩子的才能

從孩子擁有的各項智能當中，
培養出無人能出其右的才能吧！

「彰顯出」未開發的能力

每個人天生都具備這9種多采多姿的智能。

像在奧運得牌的選手是和「肢體」相關，在音樂界聲名大噪的音樂家是擁有「音樂」相關的傑出才能是不可否認的事實。但是他們原先也應當是同時具備其他的智能才是。

某種智能表現得特別傑出的原因是，他身處在容易磨練智能的環境所致。

擅長運動的父母，孩子的運動細胞也會發達，在音樂世家長大的孩子能夠發揮演奏樂器的才能正是深深受到父母所給予的環境影響。

相對的，在沒有聽音樂習慣的家庭長大的小孩，可想而知是比較少有機會對音樂感興趣或是彈奏樂器。

所謂的菁英教育，換個說法是挑選1種（亦或是2～3種）智能來集中火力培養才能的方法。

另一方面，感嘆說「沒有特殊才能」的人也是天生具備9種智能的。他們只是沒有發覺到自己的才能，或是剛好沒有待在能夠啟發能力的環境罷了。

多元智能理論值得關注的部分在於將孩子潛在性擁有卻還沒被周圍的大人們發掘的能力「明朗化」。

例如：雖然不善於運動且比較文靜的孩子，卻有一顆關懷別人的心受到大家的愛戴。總是喜歡單獨行動，但只要拿起蠟筆和紙就會非常專注地畫出色彩繽紛圖畫的孩子。在室內感覺興致缺缺的孩子，當他踏出室外可以發現到凡人無法察覺的大自然的變化……。

像這樣父母或其他大人以9種視角來觀察孩子的智能，想必有天會發現「原來他有這方面的才能啊」。

「不聽話」、「總是自己一個人默默地」等所謂的「問題兒童」，只要你仔細地觀察勢必會找到值得讚賞的特點。

例如：對於孩子畫圖畫到圖畫紙以外的地方在責備的媽媽，如果換個角度「這孩子是想要充分發揮『繪畫』智能啊」這樣心態上會比較正面。這會改變家長對孩子的看法，把一連串「困擾的行為」做出正向的解讀。

來我幼兒教室上課的媽媽們在了解到掌握9種視角的重要性時，會去思考「這孩子正努力想要增進這項能力」、「透過這種遊戲有沒有辦法激發出這項能力呢？」，這麼一來和孩子相處的時間也會變得正面且愉快。

有不少媽媽說對於孩子的行為和調皮搗蛋變得不再那麼地生氣或心煩氣躁了。

》均衡地培養9種智能的重要性

如前文所提到的，9種智能是每個人與生俱來的能力。但是哪一項智能會增強到什麼程度是跟出生後所受到的經歷有關，因人而異不盡相同。在處於敏感期的嬰幼兒時期時玩什麼樣的遊戲和經歷過的事物，會影響到將來那一項智能變得較發達。

當然每個家庭的教育方針不一樣，所以對於菁英教育這種集中心思在培養特定能力的方式我是秉持不肯定也不否定的中立態度。不過以我長年和多位孩子們接觸的經驗來看，建議在嬰幼兒時期不單單只是特定的能力，而是均衡地培養9種智能是比較好的。希望家長能夠協助整個環境的養成。

具體來說，在嬰幼兒時期讓孩子去接觸能夠出現心流狀態的遊戲或體驗可以刺激腦神經細胞的連結，甚至激發出各式各樣的才能。

專注地去嘗試得到成就感後這些能力就會變強。

提供適當的環境引發出孩子本身有想要增長能力的欲望是非常重要的。

不過也要注意是否均衡平等。

不僅是1種智能，而是透過培養多種智能的遊戲或經歷去學會不管身在什麼時代都能夠發光發熱的應變能力。

在Chapter1也提到過，孩子們生長的這個環境被稱作人生100年世代、AI技術的急速發達等變化，將來會如何發展還不明朗的時代，現存的職業會消失也一點都不奇怪。

如何堅強地活過這個變化萬千的時代，兼具各式各樣的能力且隨時能夠發揮是很重要的。

有時必須要綜合複數的能力來創造出新的工作，想必像這種需要創造力和想像力的機會也會漸漸增加。

這時如果在嬰幼兒時期有均衡地鍛鍊9項智能的話，等於是奠定了長大後不管面對什麼樣的環境都能夠應對的「基礎」，很放心。

均衡地培養智能，不僅是當你發現自己想要專攻的領域時不會感到棘手能夠立刻著手或學習，甚至合併2種以上的領域開發新的行業自己開公司。

將來不管孩子在哪個領域發展，只要學會勇於挑戰和嘗試且專注的能力，想必就有辦法在拿手領域嶄露頭角。

不論在哪個時代和環境都能夠發揮其才能，在嬰幼兒時期均衡地由9項智能的視角來增長其能力我認為正是父母能夠為孩子做的事情。

接下來針對「9項智能」的特徵和培養能力的好處來作說明。

❶如何培育出運動神經好的孩子？——「肢體」智能

》爬行是培養運動神經基礎的時期

「肢體」智能是指使用全身或身體部位來解決問題或創造的能力。這項智能的高低關係到運動能力的擅長與否。

所謂「運動神經好的孩子」不管從事什麼運動都有辦法在短時間內駕輕就熟，這種類型想必是在嬰幼兒時期的經驗讓「肢體」智能變得發達。

培養「肢體」智能必須按照身體的發展階段去實行必要的運動和動作。

當寶寶從出生到會自己走路的期間，就像是魚類到人類的動物進化演變史一般。

小寶寶將長達5億年的各個進化階段一個一個地走過，成長為一個完整的人類。

剛出生不久的嬰兒的狀態彷彿是打撈到陸地上的魚兒一樣，離開媽媽的羊水開始用肺呼吸。

過一陣子開始會以趴著的姿勢「俯爬」（兩棲類的爬行方式）。

再過一陣子就會開始「狗爬式攀爬」（爬蟲類的爬行方式）了。

接著小寶寶開始攀扶站立後學會用兩腳走路。培養「肢體」智能最重要的是配合身體的發育階段來強化其能力。

≫不要去在意成長的速度

如果沒有盡情地讓孩子去做「抓」、「握」等動作的情況下，將來會變得不擅長吊單槓、欄杆這種需要握力的運動。

另外，長期被圍在嬰兒床或圍欄中無法盡情地俯爬或狗爬式攀爬的孩子在長大後會出現腿部腰部的肌耐力較弱等負面的情形。

平衡感也是屬於「肢體」智能的一種，如果在嬰幼兒時期比較少訓練這一塊的話，可能會因為跨坐在肩上時的搖晃感到害怕而哭泣。

「我家的孩子比起其他人還要晚才開始學走路」像這種擔心孩子成長速度的家長也不算少數。

但成長的速度是因人而異的，考量到身體成長的階段並不全然表示愈早學會走路就愈好。

最重要的是配合發展階段去做強化肢體的運動，這些啟發可以引導「肢體」智能發達，培育出對運動不會感到棘手的孩子。

❷如何培育出善於表達的孩子？

——「語文」智能

》孩子能夠分辨「L」和「R」發音的異同

「語文」智能是指能夠靈活地使用口語和書寫體的能力。這項能力的高低將大大影響溝通的能力。

小寶寶雖然還無法藉由說話進行充分的溝通，但據說其實一出生就有辦法分辨爸爸和媽媽的聲音了。對他說話時會微笑也正是因為聽得到父母的聲音的關係。

尤其是處於嬰幼兒時期的寶寶更是善於分辨聲音。

日本人分不清「L」和「R」發音的異同，不過讓孩子在出生8個月前的期間去聽正確的發音的話，長大後就有辦法明確地分辨出來。

不要一味地認為「還聽不懂」，孩子會因為父母積極地向他說話去分辨父母的聲音而學習語言。還不會開口說話的階段也盡量跟孩子說說話吧。

換尿布時也不要默默地換，最好是對他說：「○○，換尿布的時間到了」、「有好多尿尿啊～」。雖然小寶寶無法回應但這些話肯定會聽進去的。

據說嬰兒時期比較容易聽出「擬聲擬態語」（狀聲詞），像是「啪啪啪」、「にょきにょき[1]」、「喵喵」這類的詞彙。

讓孩子不斷地聽人說話或聲音，將來他的語言能力會比較發達且會樂於進行溝通。有豐富的敘述能力也能清楚地表達自己的心境。

最後人際關係會變好，也同時可以得到大家的信賴。

語文能力的提升是為了將來能夠度過多采多姿的人生必備的能力。

1 にょきにょき【nyokinyoki】意指細長的物體接二連三地出現的狀態。

「點」的經驗連成「線」後發展成為表達能力

不僅是語言，凡是讓孩子從嬰兒時期就接觸各種事物，孩子學習及吸收的速度會非常地快。一項經驗充其量不過是一個「點」，但是無數的「點」和「點」連接就成了「線」。例如：從小就身處利於學習語言的環境的話，某天會突然開口說話、閱讀等語文能力愈來愈發達。

雖然在還無法用言語溝通的階段教他說話也不會有特別的反應，但孩子確確實實地會記在腦子裡。這些無數的「點」連接成「線」後演變為開口說話、閱讀等表達的流程。

我個人是不推薦過於極端的菁英教育，但適度地採用學習用的教材可幫助孩子增加記憶量。

同時，學習記憶和表達（說、讀）的重要程度不分上下。

「到現在還不會做這個會不會不妥……」。雖然做父母的心裡都明白每個孩子發展的速度不盡相同，但其他小孩都學會而自己的孩子卻跟不上的情況恐怕會有點擔心吧。

例如：平假名學得比其他孩子還要慢這個案例。當孩子對於平假名還沒感興趣時不管多賣力地教他也學不好，親子間也會有壓力。

這時不妨試著拿孩子感興趣的事物來教教看。

如果孩子對昆蟲有興趣的話，可以把字卡和昆蟲的圖片放一起來教平假名。

在甲蟲的圖片或照片的旁邊偷偷寫上「かぶとむし」這個平假名。當下可能無法記得這個平假名，不過當孩子在看到真的甲蟲時會瞬間引發興趣把平假名的內容也一起記住了。

為了順利考過入學考試，在日本往往會以注重背誦、記憶的方式來教育孩子。

但是在記憶的同時如果沒有準備可以表達的環境的話，這些知識無法成為長期記憶也很難去應用。

所以在教育孩子時雖然說記憶很重要，但同時也要兼顧表達這一塊。走出家門在外面體驗各種事物可以促使記憶的知識變得與現實更貼近。

只要掌握記憶和表達不可缺其一的重要性，孩子自然會對於各種事物感興趣，而且學習語言的能力也會更上一層樓。

❸如何培育出有邏輯概念的孩子？——「數理」智能

文科也需要「數理」的能力

「數理」智能是指計算、心算，或是有邏輯地去分析問題的能力。這項智能較高的人表示擅長用邏輯去思考事物。另外，因為習慣按牌理去思考的關係，所以大部分有善於整理收拾的特徵。

提起「數理」智能或許會聯想到理科所需的能力，不過文科也需要邏輯性的思考能力，將來文科和理科的界線會愈來愈不明顯。

在小學的課綱中把程式設計設為必修課也是出於這個理由的一個實例。所以說不論文科、理科，都要從小均衡地培養「數理」智能才行。

想要提升「數理」智能必須要在日常生活中去接觸數字。

例如：在公園撿了橡木果把它排成一排來一起數數看有幾個。

另外透過說：「等3秒鐘喔」、「時針走到10的地方我們就回家」這些內容來學時間觀念也是很有效的。

像這種在日常生活中藉由接觸數字的概念可以讓孩子腦中的數理觀念變好。

》只是單純地數數無法理解數字的概念

不過在家裡教數字時要特別注意以下的內容。

舉例來說，單純只是開口數1、2、3的話是無法真正了解數字的概念的。

經常會在洗澡時讓孩子用口頭去數「一、二、三」，但是光靠這種方式孩子很難明確地理解這些數字各自所代表的意義。

在教「數字」時必須網羅①數數（一、二、三的唸法）、②數量（具體的現實狀態）、③數詞（1、2、3這些數字本身）的三部曲才能夠讓孩子真正理解數字的意義。

例如：拿橡木果的實物或圖片給孩子看的同時說：「一、二、三」這是最有效的。

或是也可以利用一些幫助訓練數字概念的教材。

一共排列著100粒珠子的「100粒算盤」是在我的幼兒教室和托兒所最受歡迎的教材。

請給予孩子能夠快樂學習的教材吧。

Chapter 2

❹如何培育出有創意的孩子？

——「圖畫」智能

≫透過積木、摺紙來提升空間概念

「圖畫」智能是指以視覺辨識空間模式的能力，可想像圖畫、顏色、線條、形狀、距離且反應靈敏。

所謂的「空間辨識能力」也和這項智能有很大的關係。

特別是設計師、建築師、畫家這種需要創意的行業通常會被認為「圖畫」智能很傑出。

給予小寶寶新奇的玩意時，有時會把玩著並一再地把東西翻來翻去，藉由翻轉物體來觀察形狀。這是孩子反射性地為了鍛鍊能夠自然地掌握物體是立體而不是平面的空間辨識能力。

透過各種角度的觀察使空間辨識能力更發達，像是學會看著平面圖去想像出立體的形狀，拋球與接球、看地圖掌握前往目的地的路線等都不是難題。想必圖形題目也會變得得心應手吧。

想要加強空間辨識能力的話，積木和摺紙是最適合的。

實際用手去抓握各種形狀的積木有助於培養物體呈現立體的概念。摺紙是透過將平面的紙張摺成立體的形狀，這個過程可以提升空間辨識的能力。

最近我特別在意的一點是有不少孩子只有在iPad或是平板電腦上玩過積木。的確是非常方便而且容易讓孩子專注，但是比起實體的積木欠缺了培養出最核心的空間辨識能力。

另外，想要提升「圖畫」智能的話前往美術館觀賞一流的繪畫或作品、雕刻品也是很重要的。

讓孩子們用自己的眼睛觀察這些作品的用色、構圖、線條強弱，吸收的效果好到連大人都會大吃一驚。

「圖畫」智能也會提升與人相處的能力

「圖畫」智能也會關係到與人相處的能力。

當小寶寶出生後就會開始建立空間概念了，出生不久時的視力非常模糊大約只有成人的30分之1左右。這個視力只看得到眼前30公分的距離，大約是在餵奶時和媽媽目光相會的距離。

剛出生的寶寶已經會在無形之中默默學習掌握距離感。

像這樣讓孩子學會保持適當的距離感有助於他長大後拿捏與人相處時的距離。

提升「圖畫」智能（空間辨識能力）可運用於測量人與人之間的距離感，且對於溝通能力和人際關係都有著正面的效果。

❺如何培育出感受力豐富的孩子？——「自然」智能

透過五感去感受大自然的微小變化

「自然」智能是指分辨天然與人工產物種類的能力。大自然變化萬千，就連不知名的小山或是花草樹木都會隨著四季呈現不同的一面。藉由接觸這些大自然可以磨練出感性與品味。敏感期的孩子通常好奇心較旺盛，大自然些微的變化也會察覺得到。

例如：有位在我幼兒教室上課的孩子專心地撿銀杏葉的時候，發現葉子的形狀有2種並向媽媽報告此事，這時媽媽也頭一次知道說原來銀杏葉的雄株和雌株的形狀是不一樣的（但要以葉片的形狀分辨是傳聞，通常都是以花朵的形狀來分辨）。

實際上孩子透過五感享受大自然並仔細觀察會得到很多的發現與刺激。而這些體驗的累積逐漸琢磨出「懂得感受的心靈」。

有些人在長大成人後看到美麗風景或照片時會打從心底感動得發出：「哇～」的聲音，也有一些人是看了同樣的風景也不太會感動。這個差異就在於是否擁有「懂得感受的心」。

這些差異可以追溯到嬰幼兒時期是否有訓練「自然」智能。

「自然」智能較發達的人會很自然地說出：「今天的雲朵形狀很特別耶」、「今晚的月亮很明亮」、「有快要下雨的味道」，擁有「一般人看不見的感受力」。

》透過螞蟻大遊行、落葉來培養感性

提升「自然」智能的關鍵是讓正處敏感期的寶寶多多接觸大自然，在嬰幼兒時期滿足求知慾。

在散步時孩子指著說：「是螞蟻！」跑去觀察螞蟻大軍看到入神的話就盡可能地陪他

一起看吧。帶著孩子一起腳踩路邊落葉發出「沙沙沙」的聲音或是觀察落葉們微妙的色差也是挺有趣的。

和孩子一起體驗大自然的奧妙，請抱持這種心情出門看看。

「說到出門並不一定要去玩具店也可以找到許多樂趣」，我也是聽了不少家長們的心得感想發現「原來大自然是這麼地美麗且充滿了不思議！」。

大自然是玩樂的寶庫，即使是再普通不過的花草樹木的景色，如果換個角度來觀察一定會有新的發現。

⑥如何培育出有品味的孩子？——「感官」智能

品味和表達能力並非與生俱來

「感官」智能是指活用五覺靈敏地接收各種資訊的能力。這項智能並不屬於多元智能理論的內容，而是我創造出來補充上去的（有部分是和多元智能理論中的其他智能重疊）。

以我長年的經驗來看，運用五感去感受、體驗的孩子在長大成人後品味比較好且有表達能力豐富的趨勢。

舉一個簡單的例子，像是畫圖時的用色組合獨特或是服裝搭配的品味很好等。

所謂的「品味」普遍被認為是與生俱來的印象，但我認為是嬰幼兒時期以五覺吸收的各種資訊造就了後來的品味。

「那個人不管做什麼都好有品味喔」被這樣稱讚的人肯定是在嬰幼兒時期充分運用五覺累積了不少經驗，才能做出令旁人眼睛為之一亮的精妙選擇。另外，「感官」能力優秀的人比較容易察覺他人的心境變化，通常會出現溝通能力較高的特徵。

接著，要如何才能更加提升「感官」智能呢？

我們把五感各別做細部的分析。

接觸美麗的繪畫與音樂

由「視覺」接收資訊必須要看各式各樣的事物不斷地刺激感官，像是出門觀察自然風景或人，亦或是在美術館接觸真正的藝術品也是不錯的。

還有像是前文提到給孩子看珍品時，他們會了解在面前的到底是什麼東西，所以在使用繪本之類的教材時也別忘了帶他們去看實物。

所以在看完動物繪本後實際出門去趟動物園時，看到大象說：「原來這就是大象啊！」，印象與實體就連貫起來了。

「聽覺」與「音樂」智能也有關連性，是藉由耳朵吸取各種資訊來培養區分聲音的大小或音色的能力。另外，聽力也會變得發達使語文能力也得到提升。

在「音樂」智能的部分也有提到說，在嬰幼兒時期聆聽各種風格的音樂，特別是古典音樂這類一流的曲子是很重要的。

但不能只光是放著音樂，要培養孩子想要自己去接觸音樂的話，親子一同唱唱跳跳是很有幫助的。

我非常推薦配合歌曲和節拍舞動手腳的「手指謠」。

可以和媽媽一起享受音樂給予聽覺各式各樣的刺激。

≫ 分辨出氣味或味道的差異飯會覺得更好吃

孩子們會透過「味覺」來吸取各種資訊。

有時給嬰幼兒吃副食品的時候會從嘴巴吐出來，這是表示因為已經吃飽了，同時也是孩子表達「我不想要吃這個」的意思。

有不少媽媽說：「我家小孩只吃新鮮的蔬菜」、「很奇怪，冷凍過的食物會把它從嘴巴吐出來」。

然而，也有聽說過有些孩子習慣吃用昆布或鰹魚高湯煮的副食品，而對於連鎖餐廳的餐點完全不感興趣。

或許是不喜歡人工調味料的味道吧。

像這樣無論是年紀多小的孩子都有辦法分辨食材真正的味道。我認為在對於味覺非常敏感的嬰幼兒時期盡量給予孩子新鮮的蔬菜品嚐接近天然的口味是非常重要的。

「嗅覺」對於嬰幼兒而言也是非常重要的感官。出生後不久的嬰兒因為視力薄弱所以會仰賴「嗅覺」。寶寶被媽媽抱在懷裡感到安心是因為聞到媽媽的味道覺得很安心的緣故。

在嬰幼兒時期接觸各式各樣的味道來刺激嗅覺的話，長大成人後就有辦法藉由味道來吸取各種資訊。

這個關鍵在於父母必須盡量給予孩子接觸氣味的機會。

例如：出門時感受風的吹拂，或是把窗戶打開流通新鮮空氣當作一個習慣吧。一併聞花或植物的味道也有不錯的效果，這時候可以告訴孩子像是：「是迷迭香的味道耶」、「這是薄荷的香味」等等，當經驗與詞彙連結後孩子就有辦法辨認這些氣味了。

平常的話我推薦料理或是食物的氣味。在我經營的托兒所會刻意將廚房的窗戶打開，有時會聽到孩子們說：「喔！有咖哩的味道呢」，食物的香味有促進食慾的效果。

擅長料理的人不只是味覺而是連嗅覺都比別人優異，長大後也會派得上用場，而對於不好聞的氣味也會相對變得敏銳促使孩子會想自動自發地去清潔周圍的環境。

小時候多接觸各種事物的重要性

最後是「觸覺」。

孩子會不由自主地用手去摸各種東西，像是凹凸不平的牆壁、襯裙、寶特瓶、花草……等等。實際用手觸摸感受到粗粗的、滑滑的、熱與冷的感覺時會自己進行解讀。另外，藉由觸摸所得知的資訊可促進腦神經細胞的連結。

特別是生活在都市的孩子比較少機會接觸大自然，所以有不少人從小到大都沒有摸過昆蟲。

這麼一來在學校的課堂上教說「蝴蝶是依序由卵變成幼蟲、蛹的過程成蟲的」也因為大多數的孩子都沒有實際觸碰過的經驗，所以很難在腦中留下印象。最近有不少孩子沒有摸過魚，所以不敢吃魚的人也愈來愈多了。

有不少媽媽會認為「公園的沙子不乾淨所以不想讓孩子去碰」，連玩沙子都不行更何況是泥巴戰呢。

但如果完全不去觸碰沙子或泥巴長大的孩子變成大人後，會討厭這些東西的可能性會非常高。

當然完全不去接觸也可以活得下去是沒錯，但這麼做對孩子的影響是不好的，必須三思才是。

當孩子對於觸摸的東西感興趣時可以告訴他：「滑滑的耶」、「粗粗的呢」這些詞彙與句子，當詞彙與觸感得到連結時孩子的認知就會得到提升。

7 如何培育出有節奏感的孩子？——「音樂」智能

「音痴」和嬰幼兒期的經歷息息相關

「音樂」智能是指能夠辨別音樂的種類、節奏、音階的能力，這項智能發達的話通常會擅長作曲或演奏。

「音樂」智能較高的人同時聽力也會不錯，連帶語文運用的能力也會表現優異。而嬰幼兒時期的環境和體驗會大大影響音樂才能的發展。

從嬰兒的時候就聽各種音樂的人通常會很有節奏感，且長大後會變得擅長演奏樂器或唱唱跳跳。

相反的，在嬰幼兒時期少有機會接觸「音樂」的孩子將來節奏感會比較不好，而且較容易出現不喜歡音樂的傾向。所謂的音痴也被認為是受到嬰幼兒時期的影響。

≫音樂的才能使人生更加多采多姿

有些爸爸媽媽會說：「音樂不是很在行」，不過這種家庭才更應該在生活中導入音樂，讓孩子的「音樂」智能提升。

說到提升音樂能力不用想得太複雜。

早晨播放安靜的古典樂或是一邊整理家裡打掃時放輕快的音樂，讓音樂融入你的生活。

播放爸爸媽媽喜歡的曲子也可以，不過盡量挑選長年以來受到眾人愛戴的古典名曲會更好。

8 如何培育出溝通能力強的孩子？——「人際」智能

「萬人迷」不論在工作上和生涯中都過得很順遂

「人際」智能是指能夠理解他人的情感和意圖、動機、欲望且和他人相處融洽的能力，這項智能的高低會大大影響到溝通能力或建立人際關係上。

在幼稚園裡一定會出現受大家歡迎的萬人迷。有些孩子天生喜歡和人相處，只要一到教室就把書包一丟，守在門口等待同學的到來。不管在做什麼都會不斷地跟朋友講話常常被老師注意，這類型的孩子喜歡和人相處，即使是初次見面的對象也可以不怕生地談話。

從小就累積和人相處的經驗的孩子通常溝通能力較強，長大後人際關係的問題會比較少。

反而是被一群好朋友們圍繞度過愉快的時光。

和人相處融洽的能力在開始工作後也是很重要的。

例如：業務的工作必須要喜歡和人相處，且能夠掌握對方的情感和需求的人比較會成功。

當然也有不需要和人有交集的工作，但如果想要在公司團體裡工作的話，多少會被要求某種程度的溝通能力。

另外，創業的人和 SOHO 族的人際關係或溝通能力也是和工作息息相關的。總之，普遍來看與他人相處融洽的人比較會成功。

所以說當孩子處於嬰幼兒時期多讓他嘗試可以提升「人際」智能的體驗吧。具體來說，多製造不僅是同年齡的孩子還包含與各個年齡層的人談話的機會。

以我本身的例子，我是生長於基督教的家庭所以每週日都會上教堂。教堂是從小朋友到老年人無論男女老少都會聚集的地方。

我父母因為工作的關係家裡常常有人作客，在幫忙的同時就會和很多人有接觸。因此，自然而然地和各種年齡層的人們談話，也造就樂於和人相處的個性。

以我本身的經驗認為應該讓孩子多和各種年齡層的人接觸比較好，所以我決定和孩子一起每個星期參加社區的音樂劇社團。透過和父母以外的大人、高年級生與低年級生相處的經驗，讓我感覺到女兒們面對他人變得比較不怕生了。

多多接觸男女老少

現今日本的家庭型態多為核心家庭，而我家也是同樣的情形。平日是和同學或老師一起相處，但六日除了父母之外沒有和其他人接觸的孩子還真不少。

一直躲在家裡會變得只接收得到父母的價值觀而已，這恐怕對於孩子而言並不是理想的狀態。

社會上有各式各樣的價值觀，透過和各種年代的人談話可以認識到多樣化的價值觀並開拓視野。

很少和大人接觸的孩子會變得過度地害怕大人。

有機會和自己父母以外的世代的人們接觸的話，就不會害怕和大人們溝通了。

如果想要提升「人際」智能的話，我建議在嬰幼兒時期就開始帶孩子去能夠接觸到各種年代的人的場合。

帶孩子一起參與地區的團體或是在感興趣的社團露個臉，還有參加親子露營也是不錯的選擇。

我個人最推薦的是親子留學。儘管是短暫的期間也好，在異鄉國度的環境中與外國人接觸的經驗於孩子與人相處的能力上有很大的正面效果。

當然托兒所或幼稚園對孩子而言是提升「人際」智能最好的環境。

剛入園的孩子通常都會認為比自己能幹的哥哥姊姊們是「崇拜的對象」，露出崇拜的眼神跟隨著且不願離開身邊。這麼一來年長的孩子就會教他們要怎麼玩。

經歷過這種溝通方式，當自己變成年長的一方時，會依樣畫葫蘆地和比自己年紀小的孩子相處。

但當年紀比自己小的小孩說：「教我！」時，沒有經歷過向哥哥姊姊們學事情的孩子會無法好好回應，或是不由得責備說：「你怎麼連這個都不會啊！」的情形發生。

把托兒所或幼稚園當作是學習人際關係和溝通能力的絕佳去處是很大的關鍵。

❾如何培育出達成目標效率高的孩子？
——「自我」智能

》有時會被誤會成「問題兒童」

「自我」智能是指理解自己本身的長處與短處後，自律性地達成目標或是引發動力的能力。

這項智能發達的人是所謂「妄想型」的人居多，聽不進別人說的話擅自在自己腦中深思熟慮後將幻想愈變愈大。

尤其創業的人大多數都是這項「自我」智能特別突出，想要成功創業就不能只聽從他人的指示，而是需要自己用腦筋構思創業企劃和戰略。

「自我」智能發達的孩子常見的是善於觀察別人，所以可能會給人比較安靜的印象。

我以往任職的幼稚園也有過所謂的「問題兒童」，總是在發呆且行動較緩慢，所以常常會被導師罵：「〇〇你快一點！」。

老師們之間也說：「完全不會照我說的去做」、「腦子裡在想什麼都搞不懂」，尤其是完全不對班導師敞開心房，持續1整年來都不發一語的狀況。

某天我去觀察像這種整天呆坐著的孩子發現他在默默地自言自語，靠近問：「你怎麼了？」時，會告訴我說：「〇〇和〇〇很要好，〇〇和〇〇每次都在吵架」這些資訊。

那男孩乍看之下只是呆坐在那裡而已，不過其實是比誰都還要善於觀察周遭環境並自我分析。

這類型的孩子有些會隨著成長過程變得外向起來。漫長人生中有比較安靜的時期也有比較活潑的時期，想必大家都是了解的。

9種智能如果能夠均衡提升的情況下，會因為某個契機啟發不同的才能出來，很有可能促使個性或喜好上也跟著發生變化。

「自我」智能表現突出的人往往會讓人有自我中心、不善於溝通的印象，不過實際上是相反的情況較多。

因為不斷地自我反省所以會以客觀的角度理解自己，並好好表達自己的心境。而且對於自己的情感較敏銳所以也善於察覺對方的感受，人際關係也會變好。

以上是「9種智能」的概要說明。

於嬰幼兒時期積極地讓孩子均衡地提升這些智能的話，無論在任何環境中都有辦法激發出能力，人生也會變得多采多姿。

那麼要如何提升9種智能呢？

下一個章節來針對使智能突飛猛進的專注狀態作說明。

啟發孩子的才能關鍵在於「專注力」

讓才能開花結果的人
會在必要的場面啟動「專注力」。
能夠發揮專注力和無法做到的孩子，
將來的差異會非常大。

讓孩子體驗「心流狀態」

》專注力正是啟發孩子才能的關鍵

孩子熱衷於玩耍不管父母怎麼叫都聽不進去，表情十分認真。

我把像這樣專注的狀態稱作「進入心流（Flow）狀態」。「Flow」原本是由心理學家米哈里・奇克森特米海伊提出的概念，意思是「完全專注投入的狀態」。

孩子在真正集中精神時會分泌大量的口水或噘著嘴埋頭苦幹。

這種心流狀態常出現在前文提到的敏感期。

其實為了啟發孩子本身擁有的才能的關鍵在於，嬰幼兒時期經歷過多少次這種心流狀態。

小寶寶玩玩具時若進入心流狀態可以持續到他玩夠感到滿足為止，使神經細胞有多處連結。而這些經驗讓你變得有自信且勇於面對將來需要的挑戰。

相反的，一直沒有進入心流狀態會使遊戲玩得半途而廢，無法得到成功的經驗。結果沒有享受到滿足感且無法集中精神。

例如：從嬰兒時期就有經歷過心流狀態或充分的體驗，通常會在考試前表現出驚人的專注力而得到成果。

而開始接觸運動或音樂時比起其他孩子學得快也記得快，可以達到一定水準的成果。

從嬰幼兒時期出現心流狀態的話心理的轉換會比較拿手，這是運動選手常見的特徵。有辦法在關鍵時刻切換成心流狀態的模式發揮高度的專注力。

接下來列出體驗心流狀態必備的要素。

一般來說 Flow 總共有5個步驟。

步驟1：盡情地做想做的……孩子的心情「想要做！」

步驟2：反覆地做……孩子的心情「再試一次！」

步驟3：專注地做……孩子的心情「……（變安靜）」

步驟4：感受成就感……孩子的心情「自己一個人做到了！」

步驟5：滿足……孩子的心情「下一個要做什麼！」

下面接著來一一說明。

進入「心流狀態」的5個階段

《第1階段》從事想做的事物

首先需要著手的是準備一個讓孩子可以隨心所欲玩玩具的環境。

孩子擁有藉由遊戲來激發提升自我能力的本能，手上拿著想要玩的玩具時不管怎麼叫他都聽不見似地發揮高度的專注力。換句話說，就是容易進入心流狀態。

為了創造這種情況請盡量把玩具都放在附近隨時能夠把玩。

關鍵在於把特定的玩具都固定放在同樣的地方。如此一來孩子就有辦法選擇自己想玩的玩具了。

前文雖然還沒有詳細說明，不過據說孩子有所謂的秩序敏感期。在這個時期的孩子只要把同樣的東西放在同樣的位子就會感到非常安心。如果東西每次都放在不一樣的地方或是玩具的擺設常常換來換去的話，孩子會感到不安反而選不出自己喜歡的玩具了。

我經營的幼兒教室或托兒所的房間角落有個收納玩具的櫃子，什麼玩具放在哪個位置在櫃子裡都是固定的。所以當孩子進到室內迫不及待地想要玩玩具時會直線衝往這個櫃子，而且馬上就玩得很專注。

≫〈第2階段〉反覆地嘗試

有不少家庭會將玩具一股腦地丟進箱子或籃子裡，不過我建議盡量做到「擺設性收納」會比較好。裝上約5層的玩具專用櫃後把特定的玩具收到固定的位置，如此一來孩子就可以很輕易地找出自己想要玩的玩具了。

如果全都丟在盒子或籃子裡的話，光找出想玩的玩具就要費一些時間，大人要從堆積如山的資料堆裡找出想找的資料也是一樣會覺得不耐煩吧。

另外，父母通常會說「要注重管教」就立馬想把玩具收拾乾淨，不過還在嬰兒的時期最好是把玩具放在隨時能夠把玩的地方。

如果要教導「玩完要收起來」的習慣可以等到能夠溝通的時候也不嫌晚。

≫〈第3階段〉集中精神從事

為了讓孩子容易進入心流狀態，父母要掌握的是不要沒事就向孩子搭話。

當孩子在專注的時候會沉浸在自己的世界，不發一語而且聽不見周圍的聲音。所謂進入心流狀態可以激發自我能力不斷地提升。

而且只要當孩子看上了這個玩具後會不斷地重複同樣的動作，或許大人會認為「怎麼都不會膩啊」，但這種情形就證明說孩子正專注於自己想做的事。

不斷地反覆練習是熟能生巧的捷徑，重複了幾次後會變得更順手且更快。孩子會因為進步而感到滿意後更加投入精神去做了。

處於心流狀態時就不要向孩子搭話打斷他們。幼教書通常都寫著「誇獎孩子很重要」，所以有不少爸媽會在孩子玩得正盡興的時候向孩子說：「你好棒喔！」。誇獎不可否認是非常重要的一環，不過選對誇獎的時機才更重要。

正處於心流狀態時如果父母跟他搭話的話等於是打斷了孩子的專注力，反而不再繼續玩了。當孩子玩到告一個段落、得到滿足前解除心流狀態，就會把目光轉移到別的事物上，這麼一來孩子就無法充分提升能力了。

例如：當孩子盯著1張動物的畫時往往會想要跟他說：「長頸鹿的脖子好長喔～」、「大象的鼻子好長耶～」。

但孩子沉默不語的時候或許是陶醉在自我的想像世界中也說不定，有時孩子會跟我們分享「長頸鹿和猴子變成我的朋友喔～」這類自己想像出來的故事，在自己腦中思考各種事物。

父母不去干涉給予孩子思考的時間和想像的空間對他們的將來是很重要的。

2020年起小學的「程式設計教育」成為必修課程，從小讓孩子們接觸程式設計的父母還不少。現今IT產業非常發達的社會中學習程式設計想必是非常重要的技能之一，不過我們應該要認為這不過是眾多技能的其中一個才是關鍵，單純只是學了程式語言並不代表孩子的能力就能夠發揮出來。

以下是我個人的看法，為了充分運用程式語言的技能單單擁有技術上的知識或技能是不夠的。重點是用程式設計的知識和技能「能夠生產出什麼」。

例如：想要用程式語言製作遊戲時必須要建構「這樣的主角用這樣的定位活動」這種故事的能力，不然就無法做出令人滿意的遊戲。

另外，想要做個全新的網路服務時如果欠缺創意和想像力的話，程式設計的技能也會變得英雄無用武之地了。

不光是程式設計，想要使用持有的技能必須要有一定的創意和想像力作基礎才行。琢磨這些基礎能力的黃金時期正是嬰幼兒時期的體驗。當孩子進入心流狀態培養想像力或創意的時候做父母的最好就默默地觀望著，老是什麼事都誇獎一番不過是為人父母的自我滿足罷了。

≫〈第4階段〉有成就感

那當孩子進入心流狀態時到底要在什麼時機向孩子搭話才好呢？

做得盡興滿足後孩子會露出幸福的表情，而透過這個笑容傳達出「看我看我！」的訊息。也會因為成就感而呼出一口氣，這個時候就是向孩子提起分享共鳴的最好時機，像是：「好棒喔！」、「你做得很好喔！」。

因此他們不需要父母去制止也有辦法自己決定什麼時候該結束，反而是父母插手說：「應該差不多了喔」半強制性地拿走玩具會讓孩子無法得到成就感，心情也會不好。

這是來上我幼兒教室的一位媽媽的例子。

1歲的小孩在公園玩耍時不斷地抵抗著說：「想要繼續玩！」，這位媽媽說實在地感覺「好困擾啊」，不過讓他在公園裡自由地散步2圈後孩子突然就停了下來呼了好大一口氣。

看到這個反應後媽媽對他說：「準備回家囉」時完全沒有吵鬧乖乖回家去了。

儘管是再小的嬰兒也讓他們經歷自己做決定是非常重要的過程，完成後的成就感和滿足感更是不用多說，還會萌發出自己的想法有受到尊重的信任感。

經歷過多次這種成就感和信任感的孩子長大後的個性也會變得比較穩重。

相反的，每次都被父母制止無法玩得盡興的孩子在成長過程中比較好動，或是容易出現癲癇、愛哭等傾向。

≫〈第5階段〉得到滿足

得到「靠自己的力量做到了！」這種成就感的孩子滿足後才會把興趣轉向其他的遊戲或玩具說：「接下來要做什麼好呢！」。

「專注↓滿足」這個循環不斷地重複會漸漸啟發孩子的才能出來。

從小反覆經歷心流的階段在長大後也會變得容易進入心流狀態。

想要集中時的專注力會很不一樣。

我有聽過把小孩送到升學率較高的公立高中的家長這麼說過：

「我家孩子只要專注力的開關打開就會變得很專心」。

專注力的開關容易打開的孩子不管在讀書、運動時都能夠進入心流狀態，而且也很快就能學會。

不只是學生時期，出了社會後也需要集中精神處理事情的能力。能把高難度的工作做得有效率的人想必在公司裡會受器重，而自己創業、分家時也需要這方面的能力。

有無專注力可說大大影響了人生也不為過。

非高檔的玩具也能讓孩子玩到忘我

≫百元商店是孩子們的玩具大寶庫

蒙特梭利教育提供各式各樣能夠啟發孩子能力的教具。如果使用這些教具的話可以期待達到某種程度的效果，不過並不是每個都是便宜的教具，或許有些人會認為是家庭開支的負擔。

不過請放心。

並不是說高檔的玩具才有辦法讓孩子玩到忘我。

例如：把洗衣夾串起來玩或是撕紙或捲起紙張、拿空的寶特瓶裝東西進去搖一搖，孩子也會樂在其中。

家裡有小小孩的家庭或許都有驚訝地發現「原來這種東西也會感興趣喔？」這種經驗。

反而是買了高價位的玩具也絲毫不感興趣且馬上就膩了。

尤其是只有特定玩法的東西很快就會厭倦。

例如：按按鈕會發出聲音的玩具通常只要過一陣子就再也不去碰了。

日常生活中的東西只要花一些工夫馬上就能變身為孩子們的玩具。

用百元商店的東西做成的手工玩具也有辦法讓孩子玩得很盡興。

不過有不少父母會煩惱要怎麼玩或是買什麼樣的玩具比較好，但其實只要掌握住「用隨手可得的東西可以怎麼玩呢？」這個想法自然就會湧出各種創意出來。

Chapter 3

在我經營的幼兒教室有許多利用隨手可得的材料製作的玩具，和孩子一起來到幼兒教室的媽媽們看到自己孩子玩到忘我非常專注的樣子，便開始觀察「到底是什麼讓孩子變得這麼樂於專心的呢？」。

結果發現當初有些媽媽在問：「接下來要讓我們家孩子專注的遊戲是什麼呢？」也在過了2～3個月後開始能夠自己去發掘了。

例如：有位媽媽發現防曬油的容器或香鬆的袋子等都是在家裡現成會發出聲音的東西，就把這個資訊發到LINE群組給幼兒教室的其他媽媽們分享這份喜悅。

在家裡到處都充滿著孩子們會喜歡且可以變成玩具的東西呢。

≫孩子都很喜新厭舊

看孩子的舉動真心覺得他們都很喜新厭舊。

例如：可愛的玩具會隨著音樂旋轉的玩具盤。有很多家庭都會在嬰兒床掛這個，但會盯著看的只有一開始而已，有不少意見是說過了一陣子馬上就膩了。

或許是它只會規律性的轉動，所以可以從玩具盤得知的資訊或刺激一下子就會習慣了。

同樣是掛在寶寶頭頂上的床邊音樂鈴呈現不規則的擺動就比較不會厭倦可以一直看下去。

每次都會有不同的擺動想必好奇程度也是無極限。

孩子會一而再再而三地把玩心愛的玩具，不過他們擁有的學習能力促使單純的玩具只要大約過了2個禮拜左右就厭倦不再去碰了。

孩子會出自本能地認為「想要用新的玩具成長更多」，所以我們必須在他還沒厭倦前準備好其他的遊戲或玩具給他。

再次聲明幼兒教室裡準備有許多可以讓孩子們專注，且想玩的玩具。這是因為不管玩得多忘我的玩具充其量只能撐個2個禮拜就膩了，接著想要其他新的玩具的緣故。

這種情形本身並不是壞事，這是因為玩得「很徹底」才會把目光轉到下個階段的玩具上，這也是所謂成長的象徵。相反的，玩得「很徹底」的玩具對孩子而言已經變成是個無趣的東西了。

出於本能想要「成長」的孩子在玩夠了之後感到厭倦是理所當然的。

我們就按照孩子的成長階段準備玩具給他。

≫「有一點點難度」反而是剛剛好

太簡單的玩具很快就玩膩，太難的反而會避而遠之。有點難又不會太難的玩具最能夠引起孩子的興趣，玩得很專注。所以請觀察孩子需要什麼程度的玩具，配合其成長的階段給予最適合的玩具。

如果這個玩具對孩子來說覺得太困難的話，他們不會自發性地自己伸手也不會專注地去玩它。站在給予玩具的立場來看往往會想要強制性地說「來試試看」，但是站在孩子的立場來看當他們判斷太難的時候就絕對是碰也不碰的。

當然不去拿感覺太困難的玩具也只是認為「現在還不是時候」而已。

已經超過適用年齡卻沒有對玩具產生興趣時或許會擔心「我家孩子是不是成長速度比較慢呢」。

不過不用太擔心，每個人的成長速度都不盡相同，而且隨著經驗的累積而不是年齡的增長也會影響對於什麼玩具會感興趣。

雖然現在還不會伸手去拿但只要依序經歷成長階段的話，總有一天會提起興趣開始玩的。

然而如果玩具只是擺在那裡孩子也很難專注地去玩，不知道玩法也就只能乾瞪眼而已。

重點是父母實際玩給他看。

這麼一來孩子就會自己判斷這個玩具是否適合自己的成長階段，如果認為現在是必要的話自然就會拿起來開始玩得忘我了。

智慧型手機是被動式的心流狀態

》所謂自發性地玩耍「專注的品質」有差

最近有聽說用智慧型手機或平板電腦養育小孩叫做「智慧型手機育兒」，意思是愈來愈多人會利用智慧型手機或是平板電腦來照顧小孩。

給小孩看手機的影片或遊戲時，大多數的孩子對於會動的畫面會感興趣且目不轉睛，乍看之下好像是進入了心流狀態。

不過請不要忘了起因於智慧型手機的心流狀態和原有的心流狀態的本質其實是不一樣的。

當然並不反對在照顧小孩時使用智慧型手機，配合時代的變遷養育孩子的方法有所改變也不完全是壞事。

但基本上智慧型手機對孩子而言只是被動式的刺激。雖然和電視一樣畫面不斷地變動能夠不會厭倦繼續看下去，但這是單向性的資訊接收。

在看智慧型手機的孩子通常會嘴巴張開開，這個狀態並不是真的專注而是被動式地在接收資訊。

要用肢體操作的玩具可使本身自然地對此感興趣，全力腦力激盪專注到聽不見周圍的聲音，這是和看智慧手機變得專心的本質是完全不同的。

電視也是同樣的情況。乍看之下以為孩子盯著畫面看好像很專注，但其實反應都是被動的。

》是否硬是套入父母親固有的價值觀呢？

不管是智慧型手機也好電視也好，最理想的狀態是讓孩子從小接觸真人的聲音或是感受人的溫暖帶著他長大。

和父母、周圍的大人或小孩們談話是學習感受和理解力最好的方式。

當然也不是硬性規定「絕對不要給孩子看智慧型手機或電視」。

在現今IT產業蓬勃發展的世代如果要完全與智慧型手機絕緣也太矯枉過正了。

不過偶爾也有一些家庭嚴格執行「一律不准看智慧型手機和電視」的教育方針。

但無論什麼事都必須秉持著「是否真的是為了孩子好」的觀點，如果完全不接觸智慧型手機或電視的話和其他小朋友的話題會搭不上，反而會出現侷限住孩子們的世界的風險。

會不斷地在意「為了孩子」這一點通常都是父母的個人主義或自我滿足而已。

請盡量保持適當的比例使用智慧型手機和電視。

Chapter 1
Chapter 2
Chapter 3

Chapter 5
Chapter 6
Chapter 7
Chapter 8

啟發孩子才能的8個心得

無論好壞，
父母給予孩子的影響力是不容忽視的。
孩子的才能是否能夠充分地被激發出來，
和父母對待孩子的態度有很大的關係。

【心得①】接受孩子的一切

》可以把高麗菜塗成紅色嗎？

孩子的才能是否開花結果，某種程度上說是取決於相處最深最頻繁的父母也不為過。接下來向大家介紹爸媽和孩子相處時的重點。

蒙特梭利教育將與孩子相處時的心態整理成12條內容，而我以自己本身的經驗消化後整理成8項心得來向各位家長作說明。

首先必須全盤接受孩子的一切。

為了拓展孩子的可能性我們不能強押大人的常識到孩子身上，先接受這一點是很重要的。

例如：讓孩子畫蔬菜時孩子把小黃瓜塗成粉紅色的時候怎麼辦？把高麗菜塗成紅色你會怎麼辦？

大多數的大人會糾正說：「小黃瓜是綠色的吧」、「高麗菜不是黃綠色的嗎」。

但這不過是大人的常識，如果否定掉孩子不受拘束的想法可能會埋沒孩子的可能性。

把小黃瓜塗成粉紅色或許有他的理由，千萬不要只看結果就擅自判斷而是要觀察整個過程才行。

無論在什麼領域都能夠引發改革，或是提出嶄新的創意打破現狀的人就是不受既定常識束縛的人。

從小就壓制住自由發想的創意，長大後想要提出讓人跌破眼鏡的企劃就會很困難。

而一股腦地否定說：「不可以把小黃瓜塗成粉紅色啦」只會阻礙自由發想的思維，孩子的自尊心受損認為「不管我做什麼都做不好」進而失去信心。

蒙特梭利教育中強調不要馬上否定孩子的想法或創意，要先接受它並認同他說：「這麼做很好」。

如此一來長大後也可以發揮豐富的想像力，且充滿自信地自我表現。

如果不斷地強押大人的常識或價值觀說：「不這麼做就不行」的話，或許孩子會成為父母或老師理想中的好孩子。

這對於大人們來說的確比較輕鬆且放心，但別忘了同時也踐踏了孩子的才能。

≫調皮搗蛋是有「理由」的

孩子會調皮搗蛋或是突然大哭做出對大人來說「令人困擾的行為」，不過這些行為的目的並不是想要讓父母頭痛而是有其他的理由。

例如：孩子會有看到什麼就丟什麼的情況發生。

做父母的都會想要制止這個動作，但對孩子而言「丟擲」是非常開心的行為。鬆開手後東西就會往遠處移動這件事情本身就感覺很新鮮，去預測丟完後會掉在哪裡、觀察東西移動的軌跡也很好玩。不過是想要藉由丟擲這個動作去了解、感受某些東西罷了。

以大人的立場來看這些都是調皮搗蛋的行為，不過**對孩子來說只是透過丟擲這個動作來提升能力而已。**

這是成長過程的一環。

不只是「丟」，任何調皮搗蛋背後都有理由的。

所以不可以罵說：「不行！」、「住手！」來否定他。

先肯定孩子的言行舉止全盤地去接受是關鍵。

如果開始丟杯子時可以說：「想丟丟看啊，那來丟這個吧」拿球或沙包等拿來丟也沒什麼問題的東西。

被其他小孩搶走玩具開始哭的時候也一樣，「不要連這點小事都哭！」、「你是姊姊就借他玩一下吧！」一股腦地否定，最好是站在孩子的角度陪伴著說：「好寂寞喔」、「很難過吧！」等待孩子冷靜下來。

≫說「不可以」反而會更想去觸犯的原因

順帶一提，像「不可以」這種否定字眼反而會愈被禁止就愈想要去做，所以能不用就盡量不要用。

有這麼一項實驗。

向接受實驗的人說：「請絕對不要在腦中想像粉紅色的大象」。結果明明跟他說「不要想像」卻一定會在腦中浮現粉紅大象。人的腦袋是無法辨識否定詞的。

所以說：「不可以在這裡奔跑！」、「不要從位子上站起來！」叮嚀孩子反而讓「跑」、「從位子上站起來」這些話留在腦中，愈是想去做了。「明明知道不行卻愈發想去做」就是這種現象。

為了避免使用否定詞我們可以改說：「走這邊喔」、「好好坐著喔」這種說法。只要花些功夫在用字遣詞上孩子就會乖乖聽話，管教起來也會比較輕鬆，請務必嘗試看看。

【心得②】和孩子一起創造「歡樂」

≫「全是為了孩子」卻促成心煩的原因……

因為托兒所或幼兒教室的工作讓我有不少機會和許多媽媽們接觸，最近我感受到的是以各種層面來看有很多「非常認真」的人。

例如：只要是聽說對孩子的教育有效的就會每天陪孩子一起努力，發現陪孩子一起玩是非常重要的，無論有多忙都會拼命地陪他玩。

熱衷於教育當然是好事，但有不少媽媽因為太認真了把很多事都認為是義務而被壓制著。

「打算今天來做的教材還沒弄好」、「要趕快做好才行！」、「要趕快玩！」這樣彷彿被追著跑似地拼命陪孩子做教材或是玩遊戲。

準備報考私立小學入學考試的家庭情況更嚴重，如果進行得不順利時媽媽就會變得不耐煩。最後還有媽媽會說：「這都是為了你耶！」教訓不聽話的孩子。

媽媽在不耐煩孩子也會知道，有些孩子還會想說「會被媽媽罵」所以乖乖去做評量。

小孩其實對於大人的心情變化非常敏感，這是遠超過大人所想像的。

有沒有過在哄小寶寶睡覺時如果心想「你趕快睡啦！」心浮氣躁的話反而都不睡覺的經驗呢？相反地父母以輕鬆的心態抱孩子的話很快就睡著了。

和孩子相處時千萬不要忘了父母也要一起樂在其中才行。

≫ 保持赤子之心和孩子相處

精神緊繃的時候就偷懶一天吧。

像是「因為沒睡飽所以就跟小孩一起睡午覺吧」有這種日子也不錯，凡是要打從心底享受才是重點。

不要以義務性的心情和孩子相處，不要疏忽了「要怎麼度過快樂的時光？」這個觀點。保有赤子之心和孩子相處的話更好，假設要參加私立小學的入學考試時如果只是在強迫的狀況下親子之間都會很痛苦，沒有伴隨著樂趣的話無法持續也很難有好的成果。

例如：用生活周遭的東西替孩子製作教具或陪孩子認真地玩鬼抓人或踢罐子遊戲。只要父母抱持著赤子之心和孩子相處，這份雀躍的心情也會傳達給孩子知道。

培養凡事都樂在其中的赤子之心對父母和孩子都是非常有意義的事。

【心得③】讓孩子持續到心滿意足

》只要訂定規則孩子也會接受

前面也有提到說，不管玩什麼都讓孩子「玩到滿足為止」是關鍵。

在公園玩耍時常常會看到小孩吵著說：「還不想回家」的情況。

玩耍也能夠促進能力的增長，媽媽們會想說盡可能地陪伴孩子，但有時因為忙家事或工作所以會變得有點煩躁說：「你給我差不多一點！」。

偶爾會撞見媽媽拖著孩子的手向他說：「下次再玩吧！」然後離開公園，但這時互相都不是很愉快吧。

這是一位來上我幼兒教室的媽媽的例子。

這位媽媽發現孩子會透過散步吸取許多見識後，當孩子說：「還不想回家」時會無止盡地陪伴他，結果孩子露出非常滿足的表情，而且之後的散步也很少在吵鬧。

不過沒有多餘的時間時制定「框架」是很有效的。

具體來說決定好回家的時間，而且事先告訴孩子當時間到了的時候就要回家。

「時鐘走到4的地方我們就要回家囉」事先制定這類的規則後，時間到了孩子自然會接受，媽媽也不用感到壓力。

要回應孩子的要求不管是時間或心理上都很吃力，不過讓孩子做到自己滿意之後，往後的照顧就會一下變得輕鬆不少。

【心得④】讓孩子自己選擇

》人生就是不斷地選擇

無論多小的嬰兒也具備自己選擇的能力。

所以說讓寶寶自己去選想要玩的玩具是非常重要的。

當孩子還小的時候父母常常會一邊說：「這很好玩喔」一邊手拿想要讓孩子玩的玩具，不過事實上這個玩具不一定是孩子想要玩的玩具。

出生才3個月大的女孩子來到我的幼兒教室時，我拿起手邊的3樣東西問說：「要哪一個啊？」，結果那位女孩用眼神表達「要這個！」並伸手抓起3個裡面其中一條紅色的髮飾玩得很開心。

不只是這位小妹妹，無論多小的小孩都擁有自己選擇的意識跟能力。

所以讓他們玩玩具時可以準備複數以上的選項，當下肯定會伸手去抓現在想要玩的玩具。

不限於升學和就職，人生就是不斷地選擇。

在每個情況下是否選對適合自己的選項，說這會大大影響往後的生涯也不為過。

從小累積用自己的意識選擇的經驗可以幫助長大後不會被旁人的意見左右，能夠自己走出不後悔的人生。常常聽說：「父母鋪好路的人生」，這也是在剝奪孩子自己選擇的能力。

這樣的人生對孩子而言到底是不是真的幸福呢？

讓孩子自己做選擇必須教導有各式各樣的價值觀。

有位媽媽找我談論「關於教育的想法和先生不同很困擾」的問題，從教育方針的差異演變成情緒上的碰撞，最擔心的是孩子會不會因此感到困惑。

爸爸和媽媽對於教育孩子想法和立場不同並不是什麼新聞，雖說是夫妻不過是在不同的環境下長大的，所以在各種層面上價值觀會出現落差是正常的。

所以關於養育小孩的大方向夫妻倆可以互相討論統一會比較好，不過並不需要完全同化夫妻各自的立場。

重要的是父母要表現出享受人生的過程給孩子看。只要見到夫妻之間存在強迫或支配的關係時，孩子腦中就會被灌輸有某一方在控制是正常的情形。

這麼一來和朋友間的人際關係中也會認為強迫別人或被強迫的情形是正常的。

即使是價值觀或對於人生的看法不同的夫妻也享受各自的人生，且展現互相尊重的態度是不可或缺的。

教導各式各樣的價值觀和人生態度也可以說是身為父母的職責。

》教導人的價值觀是有千百種

我先生從事的是藥劑師的工作，不過突然在過了50歲的時候說「想要當醫生」，便開始了準備醫學院的入學考試。

當然一邊工作一邊準備考試說不擔心是騙人的，不過既然我先生已經下定決心的事我們做家人的也就選擇接受了。

經歷4年的考試生活，途中有超過半數的大學有考過第一試但最終結果卻不盡理想，後來他就決定放棄了。

夢想雖然破滅不過他因勇於挑戰而感到滿足，而且他還跟我們分享說在準備考試時學到的醫學知識也可以在藥劑師的工作上派上用場。

我先生告訴我說，自己決定的人生中沒有一項事情是毫無意義的。孩子們看著我先生對於人生的態度受到刺激得到了許多啟發。

因此我先生的挑戰以某種程度來說是有意義的。

未來的人生要怎麼走是孩子們自己去做決定的，所以應該要多去了解各種價值觀來開拓視野。

從各式各樣的選項中找出自己想做的事，我想做父母的都希望孩子能夠度過這種人生吧。

如果強押父母的價值觀可能會限制住孩子無限的可能性，為了避免這種情形發生我們應該讓孩子多多去接觸擁有各種價值觀的人，提供這種環境是很重要的。

【心得⑤】等待孩子完成手邊的事不催促

≫依自己的步調吃便當的孩子是令人頭痛的孩子嗎？

觀望孩子的一舉一動、等待不是一件簡單的事。

孩子不聽話時會感到煩躁，心情被搞得亂糟糟。

不過蒙特梭利教育的根本是「保障孩子的自由，協助自發性的活動」，抱持著這樣的想法自然會改變對於養育孩子的價值觀，而且也比較不會感到壓力。

這是我在實施蒙特梭利教育的幼稚園實習時，和小朋友們一起搭遊覽車遠足的一個經驗。

大家一起在外面野餐吃完便當後回遊覽車時發現有1位小朋友還在慢慢吃便當沒有回到車上。

在普通的幼稚園會說：「大家都在等我們快一點」半強制性地抓回遊覽車，並要求他向大家道歉說：「對不起讓大家等這麼久」。

但是在蒙特梭利幼稚園會守候孩子直到他吃完便當為止，老師和先回到遊覽車上的孩子們一起邊唱歌邊等。過了一會兒，吃完便當的孩子回到車上後也絕對不會受到責罵就出發了。

「那個孩子只是照著自己的步調在吃而已，我們應該要試著去等他」。

透過這次的經驗我的價值觀有了180度的轉變。

原本以為向孩子說教是老師的職責，不過每個孩子都有每個孩子的步調，所以我們應該要默默地守候他們才是。

》每個孩子都有屬於自己成長的步調

孩子漸漸能夠自己去發覺在何時何地該做什麼表現。

觀察四周的情況用客觀的角度認識自己。

另一方面，「給我去做○○」、「不可以做○○」這樣總是很聽大人的話的孩子當下是會很聽話，不過碰到不同的情況就沒有辦法臨機應變了。

例如：在幼稚園的教室裡會聽老師的話很安靜，但只要一踏出教室外就鬧哄哄……這種情況。

因為從來沒有自己去察覺後付諸行動，所以就會不懂得變通。

只要父母肯花時間等待，就有辦法教出有耐性的孩子。

這也是在蒙特梭利幼稚園發生的事，打掃時間到了卻有1位小朋友在畫圖畫到忘我。

這時負責擦桌子的女孩看到在畫圖的同學也沒有向他抱怨，而是選擇先去擦其他的桌子。

我想那位負責打掃的孩子也曾經歷過父母或老師不厭其煩地在等待她，所以才有辦法等其他小朋友把圖畫完。

當然在電車或是餐廳裡聽到小孩在吵鬧會給旁人添麻煩是應該管教，但並非很緊急的情況下就盡量等孩子把想做的事做完。

了解每個孩子都有屬於自己的成長步調，如果能用寬闊的心胸守候這段過程，照顧小孩肯定會輕鬆不少。

【心得⑥】多和孩子在大自然的環境中玩耍

》誤以為「魚是塊狀狀態在游」的孩子

都市的孩子如果沒有特別去注意的話，會變得很少有機會去接觸到大自然。

本來綠地就不多，且街上都充滿著人工的產物。蒼蠅或蚊子都很少在飛，導致摸摸蟲子或被咬的經驗也就更稀少了。

習慣都市的生活後通常都只會吃到切塊的魚肉，導致沒有辦法想像出真正的魚隻，甚至是水果也只看過切好的而已。

另外，連平時自己在喝的飲用水到底是何去何從也搞不清楚。

雖然說隨著成長階段會慢慢認識到，不過孩子沒有去接觸到大自然的話，有可能出現無法充分激發孩子能力的壞處。

出門在外，特別是在接觸大自然時會發現到在家中無法體會到的各種刺激。

例如：風聲、葉子在搖的聲音、花香、土壤的觸感、花草樹木的繽紛色彩等數都數不清。

落葉微妙的色差對孩子來說是非常有趣的發現，怎麼看都看不膩。玩土的觸感也是體驗大自然的寶貴經驗。

我認為藉著接觸大自然刺激腦部可以充實心靈。

養動物有助於情操教育，同時喜愛大自然的孩子會比較容易察覺人的感受。

有沒有過度限制孩子接觸大自然呢？

置身於有很多發現或刺激的環境比較容易進入心流狀態。

即使是大人，到第一次觀光的地方見到令人感動的景色或心曠神怡的風景時，也會不由得發人省思。

如果一直待在家裡受到的刺激就會愈來愈少，進入心流狀態的機會也會跟著減少。

最近我感覺有不少家長會因為說「玩沙或玩泥巴很不衛生」、「被蟲咬就糟糕了」、「怕受傷」這些理由就限制孩子去接觸大自然。

危險的事情我們應當是該避開，但是不是太過於限制接觸大自然的機會了呢？

如果覺得有說中的話請務必調整在外面玩的方式。

【心得⑦】讓孩子自己解決問題

透過搶玩具可以學習到的事

前面也有提到說蒙特梭利教育中「守候」是基本原則。

孩子有辦法自己解決的事就觀望到解決為止。

前陣子在托兒所發生這樣的事情。

有2位小朋友在搶一個笛子的玩具，

想要借來玩的小女孩和不想借給她的小男孩。

互不相讓僵持後搶不到笛子的小女孩就哭了。

Chapter 4

這時一般的父母或老師會以半強迫的方式說：「很可憐就讓她玩吧」拿走玩具，可是這麼做的話小男孩也會不高興最後大家都哭了。

不過我們採取了不干涉靜靜守候的方式。

結果發生了什麼事呢？

死守著笛子的小男孩一開始表現出勝利的表情高興地在吹笛子，但一旁的女孩一直哭不停也讓他覺得有點尷尬。

過一會兒小男孩就把笛子讓給小女孩了。

之後2人像沒發生過什麼似地玩得很盡興。

培養解決問題的能力

不管多小的孩子都有能夠自己思考自己去解決的能力。

這位小男孩感受到小女孩在旁邊哭的時候自己在吹笛子也不覺得快樂，所以就開始去想「要怎麼做才會更快樂」。

這種經驗也會運用在其他類似的情形。

像這樣孩子會不斷地學習而且成長下去。

在發生問題或衝突時，大人往往會加以干涉，剝奪了孩子自我思考、解決的機會。

但藉由打架或衝突可以讓孩子累積感到糾結、不甘心、考慮對方感受的經驗。

長大後這些經驗也是有用的。

反而是沒有經歷過這些的孩子在長大後面對問題或衝突時不知道該如何應對，態度會變得有攻擊性或傷害到周圍的人。

【心得⑧】不去更正錯誤

》如果不去發覺自己的錯誤反而會不斷地失敗下去

當孩子玩玩具的玩法弄錯時，大人往往會說：「不是那樣，應該要這樣玩」更正他們。

但這是反效果。

孩子們會從失敗中成長。

與其用正確的玩法不如先失敗後去思考比較重要。

蒙特梭利教育中有個培養感官的教具叫做「粉紅塔」的積木。

其中有一個邊是從1cm到10cm的木製立方體，把它由大到小的順序堆疊上去就可以堆成一座漂亮的高塔。

當孩子第一次玩粉紅塔時，像是在8cm的積木堆9cm的積木上去，或是在5cm的積木擺上3cm的積木等弄錯順序。

看到這種情況通常父母都會插嘴說：「順序弄錯了喔」去糾正。

這麼一來孩子會感覺自己的自尊心受創，不會再繼續玩這個粉紅塔了。

蒙特梭利教育在這種情況下不會糾正孩子的錯誤。

當完成的時候說：「做好了呢！」作認可。

孩子會自己去發現自己的錯誤，且從中學習提升自己的程度。

在自己還沒發現錯誤時，不管旁人再怎麼指點他都沒有辦法理解自己錯在哪裡，反而會重複同樣的過錯。甚至被糾正時還會感到自尊心受創。

大人通常會認為「一直錯下去會很困擾」、「不想讓他丟臉」，但當孩子自己發現「好像有點怪怪的」的時候會試著自己重來一遍，或者去尋問周圍的大人。

而由這一連串的過程學習到成功所需的事物，慢慢建立起自信。

≫要說「做得好」而不要說「不對」

蒙特梭利中有一項作業是用針線縫紙的「縫工」。

為了能夠縫得漂亮必須由上方的洞把線穿進去後再從下一個洞的下方穿線，接著再從上面穿進去……這樣的順序是重點。

但是還不太會的孩子首先從上面的洞把線穿進去後，接下來的洞又把線從上面刺進去，這麼一來線會捲住紙張無法漂亮地成形。

這時周圍的大人並不會去否定說：「這樣不對喔」，無論如何會先肯定他說：「你做到了」。

自己去發現失敗且自己動腦去思考應該怎麼做才比較重要。

實際上如果發現「好像有點怪怪的」、「跟其他孩子做出來的不一樣」時，或是感到彆扭、害臊時會跑來問大人該怎麼做才好。

這種孩子就會用自己的頭腦思考，而且自動自發地採取行動。

此外，馬上被指出錯誤被糾正的孩子在解決問題的方面能力會不足，並且常常呈現都要等候他人指令的做事態度。

而且會變得總是感覺缺少自信心。

日常生活中的基本原則也是一樣的。

例如：扣錯扣子或鞋子穿反是很稀鬆平常的事，不過這時也盡量不要去糾正說：「弄錯了喔」，而是讓孩子自己去發覺。

不過沒有範本的話孩子沒有辦法去發覺自己的錯誤，所以一開始需要父母做一次正確的作法給他們看。

例如：先教說：「襪子要把卡通圖案朝外穿喔」，且絕對不去批評他。

如果沒有教過就說他不對的話，孩子會認為自己非常不成器後喪失向新的事物挑戰的自信心。

接下來介紹能夠讓「9種智能」的各個智能進入心流狀態時的活動（activity）。

雖說效果因人而異，不過也記載了只要有做能力就會提升的「適齡期」的部分，幾乎都是在家裡也能輕易嘗試的內容，可以從今天起馬上就試試看。

培養出運動神經優異的孩子「運動」的心流

運動神經好與不好的孩子。
這個差別在嬰幼兒時期的生活中誕生。
接下來介紹
為了激發出「肢體」能力的各種互動。

1 手指謠

適齡期▼0個月～

觸摸小寶寶身體或手的遊戲「手指謠」不僅可以加深親子間的牽絆，更適合用來提高手指等的運動機能。

當思考想要怎麼樣活動時，可隨心所欲活動手指肌肉的情況我們稱作「手指的靈活度」。

最近有不少小孩不太會自己扣扣子或是翻書，這是因為從小沒有充分讓他們體驗用手指「拎」、「拉」、「扭」這些動作的緣故。

手指是人的第二個腦，多去使用會刺激腦部的神經迴路連結，發揮更高一層的能力。

促進手指靈活度發達的其中一種方法就是手指謠，有名的像是「剪刀石頭布之歌」。另外還有「ちょちちょちあわわ(cho chi cho chi a wa wa)[1]」是從以前就流傳的童謠，跟著節奏把手掌放在嘴巴前或是轉轉手腕，歌裡還有許多讓人想要模仿的狀聲詞。像是在YouTube這類的影片分享網站搜尋手指謠會出現很多有趣的歌，你可以去找找你喜歡的。

》「ちょちちょちあわわ」的動作

① 手合掌拍 2 下

② 把手放在嘴巴前面

③ 雙手在手腕前轉

④ 用食指輕輕點眼睛

⑤ 用雙手輕拍頭頂

⑥ 用單手輕輕敲另一隻手的手肘

POINT

●通常在公眾場合孩子開始哭鬧的時候，跟他們玩手指謠可以讓心情變好

1　「ちょちちょちあわわ【chochichochiawawa】」是日本自古以來就有的手指謠，它的用意在於教導「孩子聽人說話時的態度和舉止」。

2 匍匐前進遊戲

適齡期▼2個月～

小寶寶在趴著的狀態用手掌或腳掌壓住或拉拔地板的狀態向前後爬行叫做「俯爬」，就像是匍匐前進的動作。出生2～3個月左右就會俯爬了。

曾經有新聞報導提到因趴睡造成意外身亡的事件，所以有很多父母都不會讓孩子趴著睡。不過俯爬是進化到爬行的重要過程之一，不只是增加全身肌肉更能夠促使腦部的神經迴路連結起來。

如果在趴著的時候擺動手腳的話可以在前方擺能夠引起孩子興趣的玩具，並用手掌抵住孩子的腳底。如此一來踢手掌就會向前進，體會到「往前進了！」會促使更想要活動的欲望高漲。

學會俯爬後就開始輔助他怎麼爬行。父母以仰躺的姿勢將孩子肚子向下放在自己的肚子上搖晃，這麼一來孩子會試著用手撐住地板以免掉下去，會去記憶用手支撐向前進的知覺和體重移動的感覺。也可以把相同的姿勢換到膝蓋上試試。

》協助爬行的活動

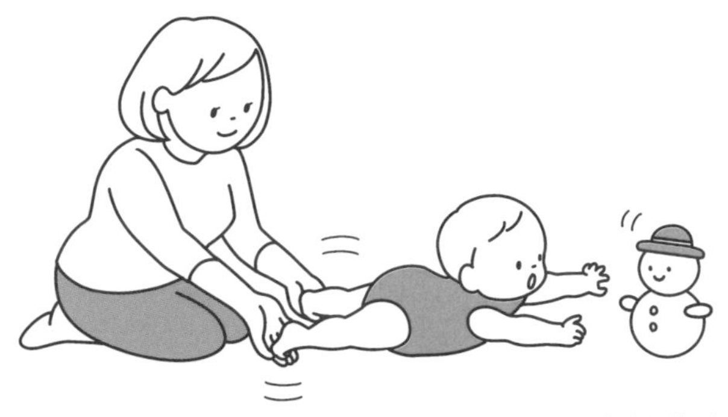

●在前方擺能夠引起孩子興趣的玩具，並用手掌抵住孩子的腳底

●父母以仰躺的姿勢將孩子肚子向下放在自己的肚子上搖晃

POINT	●為了防止窒息，請在較硬的床墊或是拉平的床單上進行俯爬的動作 ●如果孩子不習慣趴著會馬上就哭出來，不過藉由哭的動作可以吸進更多的氧氣到體內，所以可以觀望2～3分鐘

Chapter
5

3 平衡遊戲

適齡期▼2個月～

人類除了五感之外還擁有「深層感覺」、「平衡感」這2項重要的感覺。深層感覺是指能夠感受到自己身體的位置或動作、使力狀況的知覺。掌握手腳的動作是非常重要的感覺，掌管手腳能夠規律活動的功能，為了避免跌倒會迅速地將肌肉調整站姿正是深層感覺的功勞。

另一方面平衡感是指感受到自己身體的傾斜、移動速度、旋轉的知覺。這2種知覺也同時掌管著使精神方面情緒安定的作用。

如何有效培養這些知覺？就是做訓練平衡感的運動。剛出生不久的小寶寶的話可以讓他仰躺在浴巾或是座布墊上向前後左右拖行，或是旋轉也可以。如果會自己站立的話可以試著讓他以站著的狀態做同樣的動作，這麼一來就能夠訓練深層感覺、平衡感這類和平衡相關的感覺了。

剛開始學走路時可以讓孩子踩在父母的腳背上，抓著父母的手一起前進、後退。騎脖子（讓小孩騎在肩膀上）也可以加強平衡感的養成。

》訓練平衡感的活動

●仰躺在浴巾或是座布墊上向前後左右拖行或旋轉

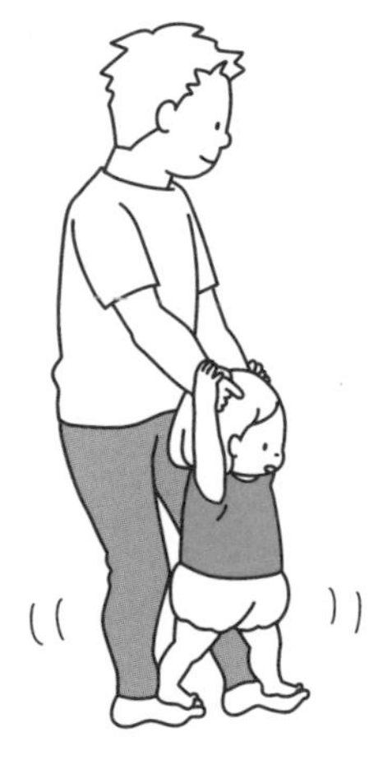

●讓孩子踩在父母的腳背上，抓著父母的手一起前進、後退

POINT

●搖晃時要注意孩子眼睛轉動的速度有沒有跟上，如果有跟上的話漸漸加快速度也會很高興
●像跳床這種垂直搖晃的運動也能夠幫助訓練平衡感

4 搖搖晃晃訓練

適齡期▼3個月～

在小寶寶出現抓握反射時讓他做「垂吊」運動可以促進腦神經細胞連結，增強握住東西的力量。另外，這麼一來胸部的肌肉會變得發達可以呼吸更多的空氣，供應更多的氧氣至腦部。

用手指觸碰手的時候，即使是出生不久的小嬰兒也會因抓握反射用力地握住。脖子開始硬了（大約3個月時）之後感覺小寶寶手握住的力量漸漸變強後將他從躺著的狀態慢慢拉起來，如果抓握的力量變得更大時還可以直接把上身提起來呢。

抓握的力量變強後可以挑戰看看垂吊。讓孩子以坐著的姿勢抓住細長且強韌的棒子（例如伸縮棒等）上下左右搖晃時，他們會為了不跌倒而自己去取得平衡，接著把孩子抬高到騰空的狀態，只要習慣後叫他們吊欄杆都沒有問題。

但小寶寶隨時都有可能鬆手，所以要特別注意墜落。在地板上放座布墊或軟墊，且身旁的大人要隨時做好接住小孩的準備。

》訓練抓握的力量和平衡感

●讓孩子以坐著的姿勢抓住棒子上下左右搖晃（如果能確實抓住棒子的話可以提高到身體微微浮起來的狀態。建議出生後 6 個月左右開始）

●把孩子抬高到騰空的狀態（會自己走路後再嘗試，記得不要抬得太高）

POINT	●萬一錯過抓握反射的黃金時期也可以透過日後增加抓握的機會補救 ●預防墜落記得在地上鋪座布墊或是軟墊

5 推倒積木

適齡期▼4個月~

為了讓手指的靈活度提高抓取或拉扯小東西雖然是有效果的，但當孩子正處於把什麼東西都往嘴裡塞的時期的話，其實拿太小的物體給孩子會讓父母很擔心離不開視線，在這種時候我想要推薦的是積木。

這是小寶寶喜愛的遊戲之一，但是還未滿1歲時即使拿得動積木卻沒有辦法堆疊起來，不過透過用手抓著搖晃、舔、丟等各種嘗試的過程訓練出手指的靈活度或握力，手腕肌肉變得發達且能夠培養空間概念或集中力、平衡感等各種感覺。

在嬰兒時期還無法堆積木時可以先從推倒積木開始，發出大大的聲響看著積木崩塌的情況對孩子來說是莫大的刺激。

而到了7個月左右開始會用雙手拿2個積木敲打出聲音，這其實對小寶寶來說同時使用右手和左手並不是件簡單的事情。

發現這種動作後就開始給他各種材質的東西吧，不同的聲音或觸感都會令孩子樂在其中。

》堆積木可以訓練肢體智能

●嬰兒時期可以先從推倒積木開始

●出生 7 個月左右開始會用雙手拿 2 個積木敲打出聲音

POINT　●積木可以訓練手指的靈活度和握力、空間辨識力、集中力、平衡感等等

6 吹衛生紙

適齡期▼5個月～

最近有愈來愈多小孩不太會吹泡泡或是吹氣球，這是因為在嬰幼兒時期沒有充分訓練「吹」這個動作的緣故。

首先要從對吐氣這個動作感興趣開始。

開始會坐的時候將衛生紙垂放在小寶寶的面前呼地吹氣後，衛生紙就會被掀起來觸碰到小寶寶的臉龐，小寶寶會對這個觸感或衛生紙搖晃的現象感興趣，接著會萌發出自己想要「搖晃它」的欲望，學著去模仿「吹」這個動作。

熟悉衛生紙後可以換用吸管挑戰看看。用吸管往臉上吹氣時自然能學會「吹」這個動作，在吹泡泡時跟他們說「呼呼」就能夠順利吐氣了。

在學會說話前就讓他們經歷吹這個動作，可使嘴巴周圍的肌肉發達幫助發聲，變得比較快會講話。

》對「吹」這個動作感興趣的互動

●將衛生紙垂放在小寶寶的面前呼地吹氣

●用吸管往臉上吹氣的遊戲

POINT　●吹這個動作可使嘴巴周圍的肌肉發達幫助發聲，還會有變得比較快學會講話的效果

Chapter 5

7 飛機飛阿飛

適齡期▼5個月～

飛機飛阿飛是大人仰著的狀態讓小寶寶趴在雙腳小腿上向前後左右、上下搖晃的遊戲。

配合在父母的小腿上前後左右、上下搖晃變換姿勢有助於提升「深層感覺」和「平衡感」，甚至還能夠鍛鍊背部肌肉或體幹，為往後的爬行或走路奠定基礎。不過要注意不要讓小寶寶掉下來，一定要支撐住小寶寶的腋下。如果不放心的話可以請另一位大人協助。

和平衡遊戲（P.156）相同，要搖晃孩子時有父母會擔心「嬰兒搖晃症候群」。這很有可能會引起語言障礙或是學習障礙，所以他們的心情我能夠理解，怎麼樣能夠玩得安全必須掌握住「孩子眼球的轉動能不能跟得上搖晃的速度」，當左右搖晃時都可以追蹤得到父母的臉就沒有問題了。

Chapter
5

》鍛鍊肌肉或體幹的「飛機飛阿飛」

●大人仰著的狀態讓小寶寶趴在雙腳小腿上，用雙手緊緊抓住小寶寶的腋下向前後左右、上下搖晃

POINT ●透過這個活動有助於提升「深層感覺」、「平衡感」這些跟平衡有關的感覺，還能夠鍛鍊背部肌肉或體幹

8 — 手推車

適齡期▼6個月～

一聽到「手推車」會聯想到鍛鍊肌肉的重量訓練，但其實這也有提升孩子「肢體」智能的功效。

具體的功效有：手腕的肌耐力增加、鍛鍊體幹之外還能夠訓練掌管手腳行動重要的「深層感覺」。

走路抬頭挺胸、坐姿端正的孩子表示擁有很好的深層感覺。

手推車可以在學會爬行前就進行。把手在小寶寶的肚子下方抬起時，小寶寶自然會把手貼在地面試著支撐自己的身體，接著如果幫助他向前進時會交錯擺動雙手移動。藉由這個過程可以掌握到肌肉或關節伸縮的感覺。

孩子開始會爬行時，大人們可以試著扶住雙腳讓他們只用手去前進。不僅是肌耐力，更能夠鍛鍊體幹和訓練平衡感。

等再長大一點後挑戰針對兒童的攀岩也不錯，可以達到和手推車同樣的效果。

Chapter 1

Chapter 2

Chapter 3

Chapter 4

Chapter 5

Chapter 6

Chapter 7

Chapter 8

》訓練深層感覺的手推車

●把手放在小寶寶的肚子下方抬起時，小寶寶自然會把手貼在地面試著支撐自己的身體

POINT ●用雙手前進的過程可以掌握到肌肉或關節伸縮的感覺，也可幫助早點學會爬行

9 撕撕樂

適齡期▼6個月～

乍看之下只會覺得是很頭痛的搗蛋行為，不過對孩子而言使用雙手的快感、撕破時發出聲響的刺激、形狀被改變的樂趣是無可限量的。這個遊戲可以提高孩子手指的靈活度讓手部更發達。

最近有愈來愈多孩子在幼稚園也無法自己撕開香鬆的小包裝，想必是沒有經歷過撕破、扯破等這種遊戲的關係吧。

撕紙可以使心情舒暢，而且孩子能夠感到「全力做到了」的成就感。像是下雨天就非常適合這種活動。

衛生紙或廣告單、報紙、包裝紙等準備一些撕破了也無所謂的紙張，可以享受因材質的不同所發出的聲音或觸感不盡相同之處。

一開始會用雙手用力拉扯無法順利撕破，因為撕紙必須要學會將左右手朝相反的方向移動才行。首先由父母示範給他們看或是在紙上加上切線，想必當孩子看到切線部分的紙張下垂會很在意並且會想伸手去抓的。

》透過撕紙去培養手指的靈活度

●準備不同材質的紙張可以享受當中的差異

POINT

●「打掃起來很頭痛！」這個時候可以鋪野餐墊說：「在這個墊子裡面愛怎麼撕都可以」，如此一來大人們也不會感到心煩

10 線上行走

適齡期▼1歲6個月～

孩子們都喜歡走在白線或是鑲邊石上，這也是展現想要增強嬰幼兒時期所需能力的表現。想要磨練平衡感的話我推薦「線上行走」。

在地板上用膠帶貼出一條線讓孩子走在上面，而且規定「絕對不能踏出線外面走喔」的情況下，孩子會非常專心地開始走。

在細細的線上走卻不能踏出來不僅需要專注力，更需要直直向前走的平衡感、肌耐力和往前看的廣闊視野，對嬰幼兒而言可說是絕佳的遊戲。另外，也會用到「深層感覺」、「平衡感」，所以也有安定情緒的好處。在我的托兒所或幼兒教室也採用線上行走，而以往就有體驗過的孩子平時走路的姿勢也會變得非常端正。

關鍵在於準確度大於速度。緩慢並確實地不踏出線外行走才是重點，熟練之後可以試著拿湯匙在上面放乒乓球進行線上行走，會更上一層進入心流狀態幫助提升各式各樣的能力。

》磨練平衡感的「線上行走」

●在地板上用膠帶貼出一條線讓孩子走在上面

Chapter 5

POINT	●熟練之後可以試著拿湯匙在上面放乒乓球進行線上行走

提升學習能力「智能」的心流

語言能力和邏輯性的思考能力
不僅會直接影響學習能力，
更是將來在工作上不可或缺的能力。
接著來介紹激發出「語文」、「數理」、「圖畫」能力的活動。

11 聽古典的朗誦

適齡期▼0個月～

跨越世代仍然持續被傳承的「童謠」用來做語文智能開發是最適宜的。童謠基本上是由單純的5個全音沒有包含半音的音階所組成，對孩子來說是聽起來很舒服的旋律。和孩子一起唱這種童謠可以促進「音樂」智能，甚至是「語文」智能的增長。「馬はとしとし（意為：馬兒快跑）」、「いちりにりさんり」等有很多種，可以在YouTube這類的影片網站搜尋孩子可能會感興趣的童謠。

詩、俳句也和童謠相同都有提高「語文」智能的功效。自古流傳至今的古典名作，其用字遣詞與表現是無與倫比的美麗。

例如：以「あめんぼあかいな（意為：水蜘蛛紅通通）」著名的北原白秋也會拿「五十音」來做舞台劇的發聲練習，它的節奏感極佳也有助於五十音的學習。朗誦中國的古典「論語」也是不錯的選擇。只要不斷地重複朗誦，即便是還不會說話的孩子也會在大腦記住這些優美的詞彙，長大後某天就突然出口成章了呢。

》《五十音》的歌詞　（作者：北原白秋）

あめんぼ	あかいな	アイウエオ
うきもに	こえびも	およいでる
かきのき	くりのき	カキクケコ
きつつき	こつこつ	かれけやき
ささげに	すをかけ	サシスセソ
そのうお	あさせで	さしました
たちましょ	らっぱで	タチツテト
トテトテ	タッタと	とびたった
なめくじ	のろのろ	ナニヌネノ
なんどに	ぬめって	なにねばる
はとぽっぽ	ほろほろ	ハヒフヘホ
ひなたの	おへやにゃ	ふえをふく
まいまい	ねじまき	マミムメモ
うめのみ	おちても	みもしまい
やきぐり	ゆでぐり	ヤイユエヨ
やまだに	ひのつく	よいのいえ
らいちょうは	さむかろ	ラリルレロ
れんげが	さいたら	るりのとり
わいわい	わっしょい	ワヰウヱヲ
うえきや	いどがえ	おまつりだ

POINT

- 光聽歌是無法記憶的，需要父母一起唱或發聲才有辦法在孩子的腦中留下印象
- 將「五十音」的歌詞貼在牆上隨時都能夠發音的情況下，藉由視覺來刺激語文智能的增長

12 高速繪本

適齡期▼2個月～

容易讓孩子進入心流狀態的繪本有助於「語文」或「圖畫」智能增長的效果，所以在嬰幼兒時期多多讓他接觸是很重要的。有些家長以為寶寶還不會說話時唸故事書給他們聽也沒用，不過即使是出生才幾個月的小寶寶也會聽得很專心。

另外，有些家長會煩惱說「我家孩子都不認真聽故事」，那原因可能是出於讀的速度。孩子是將繪本當作影像來處理的，所以在父母唸完文章前就膩了。這時可以試著用比平常還要快的速度翻頁看看，不需要讀完全部的文章，如此一來小寶寶會變得非常投入在看繪本了。

除此之外，繪本基本上都要重複閱讀。總之大量朗誦繪本給孩子聽。每位寶寶的興趣都不盡相同，所以不一定都會喜歡經典的故事。

首先到圖書館給他看各式各樣的繪本，如果出現不斷地吵著說：「再唸一次」的繪本再去買就好了。

》運用繪本營造進入心流的狀態

●孩子不專心時可以把翻頁速度加到比平常還要快，不需要讀完所有的文章

Chapter 6

POINT

●朗讀父母喜歡的繪本也很推薦，如果大人沒有很愉快地唸的話，孩子也不會專心聽

●孩子最喜歡圖鑑了，出門時可以隨身攜帶「花草圖鑑」的口袋本，當看到植物的實體時會感興趣與大自然接觸

13 英文繪本

適齡期▼2個月～

前面提到「滿3歲前分辨各種聲音或語言的能力較高」，如果想要培育孩子不要害怕英文的話，在嬰幼兒時期就開始接觸英文是非常有效的。

容易上手的方法之一是「英文繪本」。聽父母朗誦的英文會讓孩子不斷地吸收英文詞彙，雖然有些家長會面有難色地表示：「我英文不在行而且發音也不太好」，不過其實不用太在意。實際上到了國外會發現有各種國家的人用各式各樣獨特的口音來說英文，發音也是千百種；在海外留學的女兒在剛開始的時候也是聽不懂大家在說些什麼，不過持續聽各國人士的英文後漸漸變得能夠理解了。所以沒有必要追求一定要說著一口標準且完美的英文。

而且面向兒童的繪本通常都是使用簡單的詞彙，所以對於英文不太在行的大人來說也不用過於擔心，其中還有一些會附贈語音CD。

只是單純播放流利的英文是不會進步的，要聽到父母的聲音孩子才會專心去學英文。

》朗誦英文繪本

●聽父母朗誦的英文會讓孩子不斷地吸收英文

●沒有必要去在意發音的好壞

POINT ●從小就接觸英文的話會變得對英文比較敏感，走在路上看到英文的標誌也會感興趣。另外，長大後突然有外國人用英文說話也不會感到害怕去回應

Chapter 6

14 圖文並茂的國字卡

適齡期▼5個月～

大多數的大人會認為「孩子要先從平假名學起再學國字」，但對於嬰幼兒而言其實有國字比起平假名還要好記的說法。

原因是孩子會把眼前看到的東西視為記號記憶的緣故，所以「薔薇（ばら）／（意為：玫瑰）」、「麒麟（きりん）／（意為：「麒麟」）」這種很難的國字也只要多看幾遍就會認得，唸得出來。反而平假名的「あ」和「お」的樣子非常相似不容易辨別，對孩子來說會感到比較困難。順帶一提，在我的托兒所裡孩子們櫃子上的名牌是選用國字標記。

孩子會把國字視為記號愈記愈多，所以我建議在嬰幼兒時期就開始接觸國字。例如：拿一張便條紙寫上「桌子」、「椅子」貼在客廳的桌子和椅子上，告訴他：「這是桌子喔」，這樣會以國字的資訊記憶起來，使用國字卡也可以。

從小就開始接觸國字自然而然看得懂的書也會變多，這會影響思考力和求知欲的成長。所以說沒有一定要從平假名開始教起。

》製作圖文並茂的國字卡

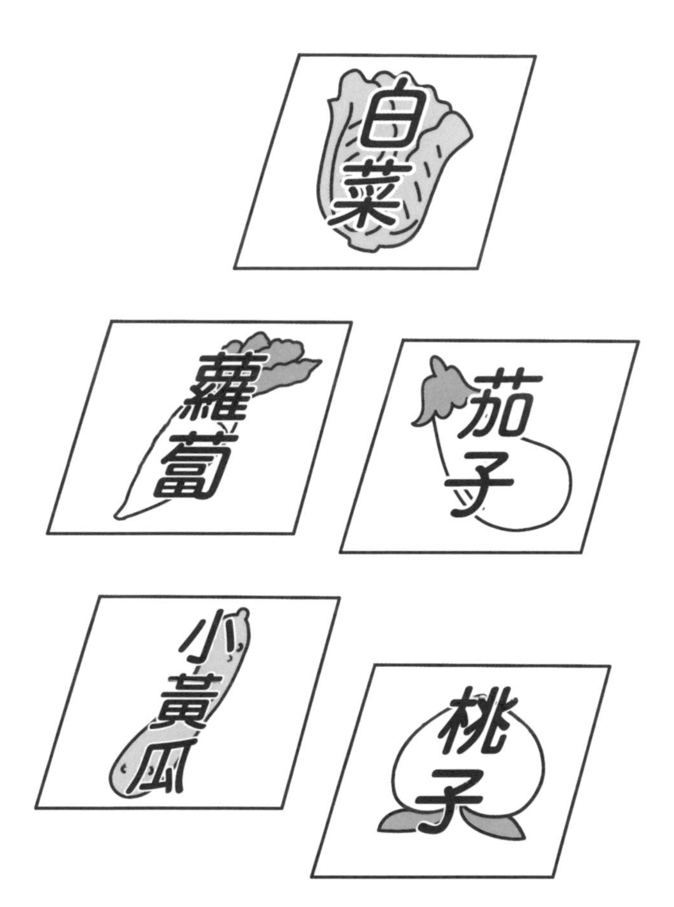

●製作插圖和國字成套的卡片給孩子看

POINT

●國字和圖像容易串聯起來，幫助快速記憶字彙
●認識的國字變多的話，在日常生活中對於國字的敏銳度會提升，像是雜誌或是路上的招牌也會去關注

Chapter 6

15 比較遊戲（大小．輕重）

適齡期▼1歲6個月～

事物實際的狀態必須和語言連貫才能夠真正了解它的涵意。

例如：「大小」的概念如果只是看著眼前的東西是沒有辦法理解的。

「這個是大的」、「這是小的」像這樣拿實際的東西和語言成套地幫他整理的話就可以明白大小的區別。

大小的話可以準備大的寶特瓶和小的寶特瓶，然後拿著問孩子說：「哪一個是大的？哪一個是小的呢？」，如此一來孩子會藉由接觸實體去學會大小的概念和語意。

同樣的，輕重的概念和語意也是透過實際的體驗就能夠學會。在一邊的束口袋放5顆彈珠，而另一個袋子裡放入5塊海綿球，束口袋的外觀看起來是裝有海綿球的袋子比較蓬，不過拿在手上比較後發現彈珠的袋子比較重，這個現象對孩子而言是一項有趣的發現。

實際用身體去感受能夠比較快理解，且能從小養成「這個太重了自己1個人拿不動，不過2個人就拿得動了」的想法。

》體驗輕重的概念與語意

●在一邊的束口袋放彈珠，另一邊的袋子裡放海綿球後讓孩子去感受重量的差別

POINT ●比較大小時不侷限於寶特瓶，相同形狀但大小不一的東西都可以運用

Chapter 6

16 比較遊戲（長短・高低）

適齡期▼1歲6個月～

不只是大小、輕重，「長短」和「高低」的感覺也可以透過實際的體驗和語意串聯後理解這個概念。

「長短」的話使用緞帶的遊戲是非常有效的，準備2條鬆綁的緞帶（塑膠繩等其他的繩子也可以），一條是比較長的緞帶，另一條是比較短的。

首先讓孩子握住比較長的緞帶，在手的上方可隱約看得見緞帶的前端，接著一邊說：「好～～～長喔」一邊拉緞帶，孩子會用手心去感受「長」的感覺，試著去理解這個詞彙的意義。

接下來換比較短的緞帶握在手上一邊說：「好短！」一邊拉，這時孩子會發現和長緞帶時的感覺不太一樣而且會用肢體去理解其中的差別。

至於「高低」的概念我建議使用「積木」。問孩子說：「哪一個比較高（低）啊？」，一邊堆積木一邊學習高低的概念。

》體驗長短的感覺

●讓孩子握住緞帶的上方

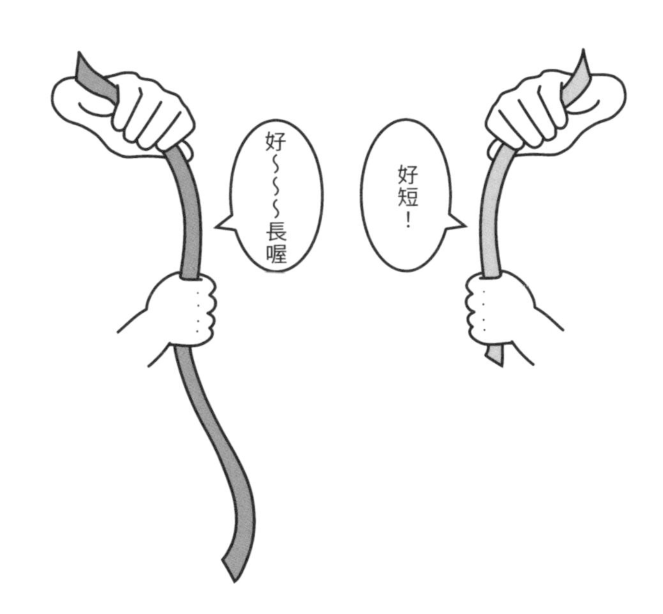

●比較長的緞帶的話一邊說：「好～～～長喔」一邊拉緞帶

●比較短的緞帶的話一邊說：「好短！」一邊拉緞帶

17 畫畫無受限

適齡期▼2歲～

欣賞繪畫固然重要，不過藉由畫畫是可以提升空間概念的。

畫圖時最重要的是孩子可以不受限盡情地樂在集中，在被逼迫的情況下無法進入心流狀態也很快就會膩，所以如果是第一次畫畫的嬰兒，家長可以抓住孩子的手一起畫。

這時可以拿著蠟筆一邊數著節拍說：「咚、咚、咚♪」畫點點，或是跟著節奏說：「圈、圈、圈♪」地畫圓圈。

配合著狀聲詞可以讓孩子以快樂的心情來畫，使用蠟筆或色鉛筆等各種畫筆可以體會到當中的差別。

學會畫圖後我建議偶爾可以準備圖畫紙以外的大張的紙（包裝紙等）讓他們自由發揮，話說「紙張的大小決定思考的寬廣度」，大張的紙可以轉換成新鮮的心情，同時也可以開闊孩子的創意。

另外，在牆壁貼上紙張以站姿來畫也可以激發出創造力。

》和孩子一起畫圖

●「咚、咚、咚♪」、「圈、圈、圈♪」等跟著節奏畫圖

Chapter 6

POINT

●讓孩子在包裝紙等大張的紙上畫圖可以促進「思緒變得寬廣」

●孩子如果放任他們的話會畫在地板或牆壁上，為了避免這種情形可以事先告訴他們說：「只能畫在紙上喔」這個規則，如果沒有遵守規定的話就立刻停止畫圖

18 檜木球

適齡期▼2歲～

和孩子一起洗澡時常見到說：「數到10再起來喔」讓孩子數數，不過單純在嘴巴上數數字就只是在背誦而已，並不能增進數理的智能。

因此在浴室我想要推薦的是「檜木球」的遊戲。用檜木做成的球原本的用途是享受檜木的香味，不過孩子也很喜歡對於壓到水中又會浮起來的木球，針對不喜歡洗澡的孩子也是大大推薦的單品。

一般而言到3歲前可以理解到數字「3」的概念即可，不過運用檜木球的話會更有效地理解數字的概念。

在澡盆中拿檜木球說：「給我1顆」、「給你2顆」這樣一來一往，孩子會漸漸理解「這是1的意思啊」的概念。

當然不僅是在浴室，拿餅乾等東西用同樣的方法來教數字的概念也可以。

》在浴室玩數字遊戲

●在澡盆中拿檜木球說：「給我 1 顆」、「給你 2 顆」這樣一來一往，孩子會漸漸理解數字的概念

POINT ●木球濕滑不容易抓起，所以對於鍛鍊手指的靈活度和施力大小也有正面的效果

19 展開圖

適齡期▼2歲6個月～

展開圖和立體圖在學校的數學題是常見的題目，有不少孩子是不太在行的，這是因為欠缺空間辨識能力的緣故。

在嬰幼兒時期鍛鍊「圖畫」智能的話面對這些題目不會感到棘手，空間概念也會提升。空間辨識力還可以活用於藝術、運動、邏輯性思考等各種領域。

想要提升空間辨識力的遊戲之一就是接觸展開圖。首先拿隨手可得的東西把它展開看看，例如：拆開衛生紙盒或餅乾盒變成平面，第一步是去了解立體與平面的關連性。

有概念之後就開始試著挑戰展開圖。準備餅乾盒（像是積木也可以）這類四角形的物體，將盒子放在圖畫紙上拿筆描繪輪廓，把所有的面都畫過後展開圖就完成了。接著用剪刀剪下展開圖組裝成盒子的形狀。一開始會覺得有點困難，所以家長一邊示範一起嘗試會比較好。

》拿展開圖來玩

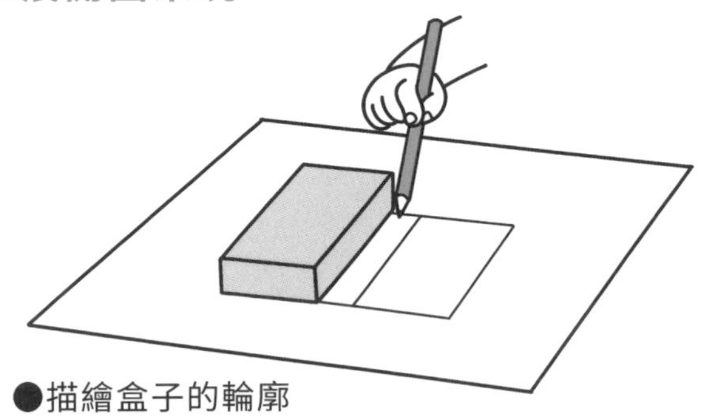

●描繪盒子的輪廓

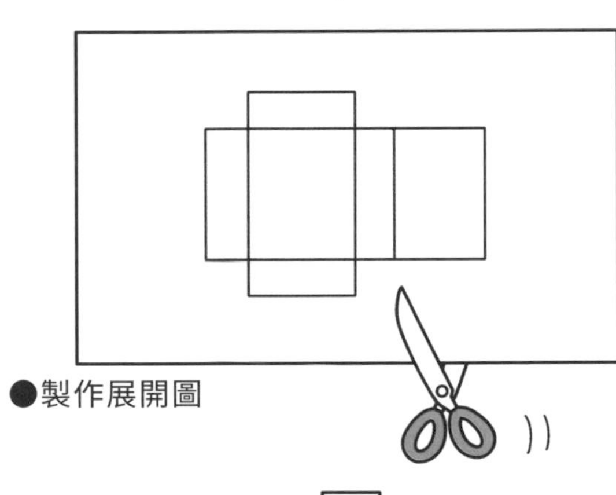

●製作展開圖

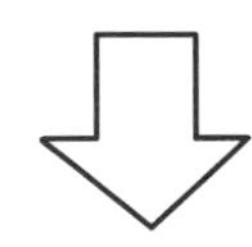

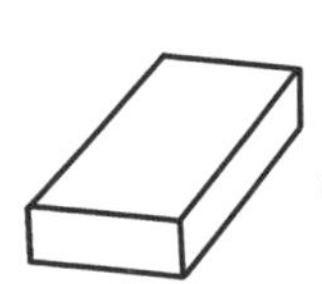

●用剪刀剪下來組裝

完成！

20 0的遊戲

適齡期▼3歲～

大人們能夠理所當然地了解「0」這個數字的概念，但對於嬰幼兒而言，他們無法立刻理解到「0＝沒有」。這時可以透過遊戲來教0的概念提升「數理」智能。

用拍手玩「0的遊戲」就是一個例子。說「響1次」就拍1次手，「響2次」時就拍2次，事先訂定說「響0次」時就不拍手的規則後，孩子就會用肢體去學習感受「0＝沒有」的概念。

另外還有用卡片玩「0的遊戲」。準備寫著0～3數字的卡片讓孩子去抽，接著跟孩子說：「拿跟這個數字一樣多的橡木果來」（其他的東西也可以）。如此一來當抽到0的卡片時孩子會看著眼前的橡木果不去抓，不做任何的動作。

有了0的概念後也可以理解到「到0就結束」這件事。例如：在浴室說：「數10下就要起來囉」，倒數結束後孩子自然會接受並走出浴室了。

》拿卡片來教 0 的概念

●讓孩子去抽 0 ～ 3 的卡片

●叫孩子拿和卡片上相同數字的橡木果

POINT ●抽到 0 的卡片時孩子會看著眼前的橡木果不去抓，建立 0 的概念

Chapter
6

培養豐富情感「感性」的心流

品味並非與生俱來的才能，
而是可以在嬰幼兒時期培育出來的。
接下來介紹關於能夠激發
「自然」、「感官」、「音樂」能力的活動。

21 沙鈴搖搖

適齡期▼3個月～

小寶寶很喜歡敲打杯子或是盤子，透過敲打發出各種聲響樂在其中，也同時是在表現想要更加提升聽覺能力的跡象。

在嬰幼兒時期讓孩子聽各種聲音可以促進聽覺的發達，也會影響到將來在學習語言時的聽力或音樂方面的才能。

如果已經玩膩了市面上販售的沙鈴的話，不妨拿起身邊隨手可得的東西來DIY。

可以拿寶特瓶來製作，不過我建議選用小寶寶的小手也好拿的化妝水瓶會比較好（不是玻璃而是塑膠製比較輕的容器），在百元商店也可以買得到。

容器中可以裝黃豆、紅豆、串珠、小石頭、水等等，能夠發出不同聲音的為佳。

首先由父母搖晃讓孩子聽各式各樣的聲音，依照搖晃力度和節奏的不同，所發出的聲響也不盡相同，因此孩子會非常樂於搖晃瓶子。

》DIY製作沙鈴

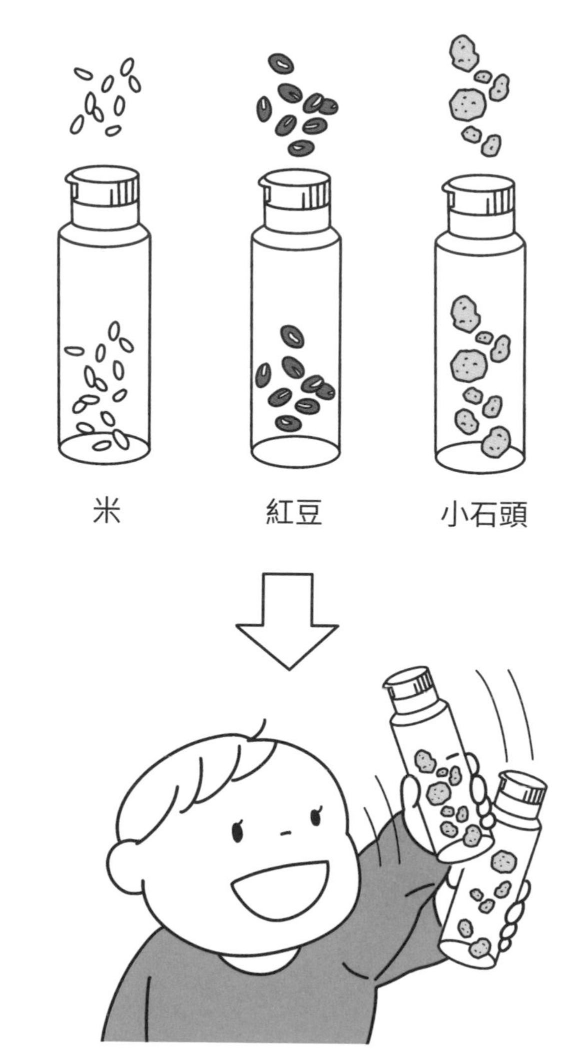

●在小瓶子中裝入會發出不同聲響的東西後搖晃

22 節奏遊戲

適齡期▼3個月～

隨著音樂玩的遊戲有很多，在這裡我來介紹可以和孩子一起進行的趣味節奏遊戲。

放孩子喜歡的CD並告訴他說：「音樂停了就停下來不要動喔」的規則，由於無法預測音樂什麼時候會停，所以孩子會繃緊神經專心聽音樂。接著音樂停止時身體也定住不動，當孩子成功做到後會立即得到成就感。這個節奏遊戲在托兒所也常常在玩，每個孩子都玩得不亦樂乎。

如果家長會彈鋼琴或風琴的話不妨可以順著父母的演奏玩節奏遊戲，「曲子變快就快走」、「換別的曲子時就往反方向轉」等準備好幾種模式來提升專注力與反射神經的訓練，同時孩子也會玩得非常盡興。

不只是孩子用的歌曲，如果拿父母喜歡的曲子來一起唱唱跳跳的話也是表現自我感受非常有效的方法之一。

》廣受孩子歡迎的「節奏遊戲」

●放孩子喜歡的 CD 並告訴他說：「音樂停了就停下來不要動喔」

●隨機暫停音樂時孩子也會停止動作

POINT ●如果會彈鋼琴或風琴的話「曲子變快就快走」、「換別的曲子時就往反方向轉」等可以準備好幾種模式

Chapter 7

23 猜味道遊戲

適齡期▼1歲～

從嬰幼兒時期就開始接受嗅覺的刺激，可以幫助將來長大後從氣味中得到各式各樣的資訊。

例如：吃飯的時候如果可以透過嗅覺得到較多的資訊的話，會顯得更加美味。

當然做菜時也很管用。

蒙特梭利教育裡有一個教具叫做「嗅覺筒」，我們必須準備各2支各式各樣的味道（薄荷、薑、肉桂、橄欖、羅勒葉等等），從中找出相同的香味。透過這項體驗可以增加對氣味的敏感度。

如果沒有這些教具的話也可以拿家裡現有的東西來代替。

例如：在做菜的時候拿磨成泥的薑或是要放進咖哩裡的香料給孩子聞聞看，或是拿花給他聞也可以。

日常生活中很少會特地去聞味道，所以只要多留意讓孩子去聞味道就會有大大的效果。

》刺激嗅覺的體驗

Chapter
7

POINT ●另外也推薦讓孩子聞聞風、肥皂、桌子等的味道

24 飼養體驗

適齡期▼1歲2個月～

飼養動物或植物等生物的體驗也可以幫助增長「自然」智能。

最近有愈來愈多的孩子以為甲蟲是馬上就會變成成蟲，或世上原本就有肉片或魚片這種動物的存在，由此可見很大的原因是和生物接觸的機會減少的緣故。

在家可以飼養的有狗、貓、黃金鼠、烏龜、魚、鳥等各種動物，在嬰幼兒時期去體驗飼養動物的用意不只是在於認識到生命的可貴，還可以透過和生物進行交流去學習如何去察覺人的情感變化。

當然也可以選擇栽培植物，沒有庭院的大樓也只要準備盆栽就沒問題了。每天觀察小番茄、茄子等蔬菜成長的過程可以發現到許多變化，同時培養出不澆水就會枯萎的責任感。

在托兒所和小朋友們一起栽培甜菜時，雖然小孩並不喜歡還帶有苦味，但孩子們卻一個都不剩地吃完了。藉由品嚐採收的蔬菜學習到，人要生存下去就必須仰賴生物的生命才行的道理。

》在家栽培植物

●豆芽菜或番紅花等可以在水中栽培的球莖

●用盆栽栽種蔬菜可以發現到許多變化，也可以培養出責任感

POINT ●水耕栽培若是用透明的玻璃容器的話，可以用視覺去觀察球莖的根的生長過程

25 花花草草的彩色水遊戲

適齡期▼1歲6個月～

大自然中有許多發現和刺激是待在家裡無法去體驗到的，而且有不少是可以讓孩子專注的事物。

去公園可以看到不同季節開著不同的花朵，聞一聞味道或是去摸摸看都會有新的發現。例如：山茶花的花瓣是可以剝開好幾層的構造，所以孩子們會非常熱衷在剝花瓣上。

磨碎花瓣對孩子來說也是很有趣的遊戲之一。用在百元商店賣的小缽和杵磨碎花瓣的觸感對孩子來說是非常新奇有趣的，甚至在缽中加入水後水會因花瓣的顏色起變化。依照花瓣的種類、數量，磨碎和出色的方式也不盡相同，孩子會想要嘗試各種方法。不只是花朵，還可以用葉子或雜草來做。

另外也很推薦用葉子來做「葉拓」。在紙張下方擺放葉子從上面用鉛筆塗黑後葉脈的紋路就會浮現，甚至可以用色鉛筆或水彩在葉拓上上色，相信也會挺有趣的。

》享受磨碎花瓣的過程變化

●把花瓣放入缽中

●用杵磨碎

●加水變成彩色水

●把花瓣放進塑膠袋

●捏碎花瓣後加入水

●欣賞顏色的變化

POINT ●要磨碎的花可以選擇山茶花或是三色堇等比較軟的花瓣

Chapter 7

26 早晨散步

早晨可說是一天之中最匆忙的時段，常看見家長拚命地踩腳踏車送孩子去托兒所的情景。在充分理解很匆忙的情況下我想要向各位提議的是和孩子一起享受早晨的散步時光。

早晨涼涼的空氣和味道是很特別的，可以感受到和白天、晚上都不一樣的新鮮體驗，另外每天早上都去散步的話自然而然會對氣溫和花草、四季的變化感興趣。例如：初春時感受花的香氣，散步可以培養孩子對於大自然的感受力，對大人來說也有煥然一新的效果。

如果說「早上根本沒空」的話，在送托兒所的路上順便或是只有假日也可以。

早晨散步曬太陽時體內會分泌血清素，所謂血清素是腦內神經傳導物質的一種，有維持心情和安定精神的效果，還有提高睡眠品質的功能。

適齡期▼1歲6個月～

》早晨散步的效果

●早晨散步會分泌血清素

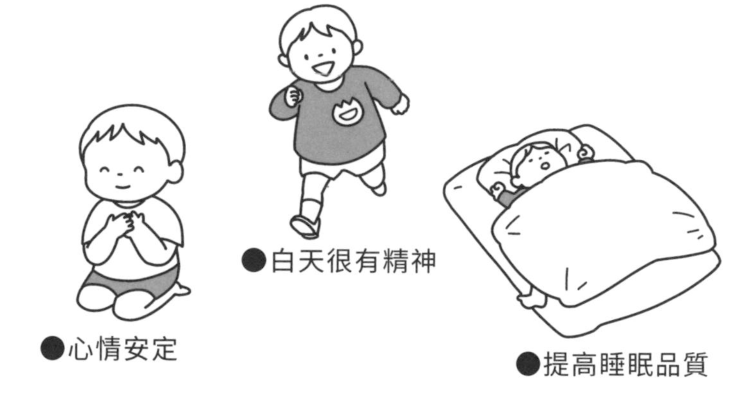

●心情安定

●白天很有精神

●提高睡眠品質

POINT ●血清素是生成睡眠荷爾蒙「褪黑激素」的原料，所以也有提高睡眠品質的效果

27 玩沙堆

適齡期▼1歲6個月～

據說近期由於衛生上的考量不讓孩子玩沙的媽媽變多了，甚至還有不少家長會說：「好髒！」很抗拒去接觸花草、泥土、昆蟲這些大自然的東西。

雖然也不是完全否認這些想法，但是小時候沒有機會接觸的話長大後會更害怕去觸碰，像我本身非常怕昆蟲不敢摸就是因為在嬰幼兒時期沒有摸過昆蟲的緣故。不去碰泥土或昆蟲當然也是可以活得下去，不過透過在嬰幼兒階段的觸覺可以接收到的資訊有很多。

例如：光是泥土就有濕潤的觸感和味道、像沙子一樣沙沙的觸感等些微的差異都能夠刺激孩子的感受力。

和大自然接觸可以培養創意。在沙場堆山挖山洞、放水做河流……即使只有沙子孩子也可以譜出一段故事。像這種「創造力」的經驗想必會影響到將來在工作上的創意或跟企劃相關的能力。

》玩沙可以培養有創意的思考

●玩沙子正盡興的孩子會自己創造一段故事，享受其中

●玩沙時有創造力的經驗會影響到將來在工作上的創意或跟企劃相關的能力

28 透過做料理訓練感官

適齡期▼2歲~

要做菜時會不會刻意圍柵欄不讓孩子進到廚房呢？如果是這樣那就太可惜了！直接接觸食物也就是接觸「大自然」，像是食材的觸感、味道、顏色等可充分刺激人的五感。

讓孩子幫忙做料理吧！孩子最喜歡撕、剝這些行為了。例如：剝生菜或高麗菜、撕蒟蒻塊、剝開鴻禧菇或舞菇……不只是享受食材的觸感，同時參與料理的製作過程會對做菜感興趣。另外，自己有幫忙做出來的料理會感覺特別好吃所以全部吃光光。

其他像是把食材放到鍋子裡、攪拌、用杵磨碎這些事都可以讓小小孩嘗試。

3歲之後讓孩子拿兒童菜刀體驗切菜，切菜時的感覺和形狀逐漸變化的樣態對孩子的感官而言是莫大的刺激。

》透過做料理訓練感官

●讓孩子撕、剝食材

Chapter 7

POINT

●在廚房的角落準備一個「小幫手專區」，可以事先鋪好野餐墊就不怕廚房被弄髒感到煩躁

●幫忙完後向孩子說：「謝謝，幫了我好大一個忙」、「很高興你幫了我個大忙喔」，體驗到幫助別人的喜悅會讓孩子變得很樂於幫忙

29 享受彈奏樂器

適齡期▼2歲～

想要增長「音樂」智能時放各種音樂CD給孩子聽確實很重要，但讓他們自己彈奏樂器或手舞足蹈地邊唱邊跳這些自發性的音樂體驗也是非常有效果的。

在托兒所舉辦樂團的現場演奏時，有的孩子跟著音樂搖著沙鈴打節拍，也有的隨著音樂跳起舞來了。還有些嬰兒雖然自己還不會舞動，不過會微微擺動身體彷彿是極力想要表現什麼似的。

光靠被動的聽音樂所無法獲得的這些感覺對孩子來說也是相當重要的。

小小孩可以拿沙鈴或是鈴鐺等好掌握的樂器，再長大一點可以試著拿響板、鈴鼓、鼓、喇叭等樂器給他，尤其喇叭是利用腹式呼吸法來吹奏的，可以藉此訓練「吐氣」的動作。

音樂最重要的就是開心，父母也一起唱歌、彈奏樂器、擺動身體看看吧！即使是音痴唱歌走音也不用太在意，在嬰幼兒時期接觸音樂就可以幫助孩子喜歡上音樂的。

》彈奏樂器增長音樂智能

●小小孩建議拿沙鈴或是鈴鐺等好掌握的樂器

●喇叭利用腹式呼吸法吹奏，可以藉此訓練「吐氣」的動作

POINT

●光聽 CD 無法充分激發出音樂的智能
●父母也一起唱唱跳跳可以幫助孩子喜歡上音樂

30 神秘布袋

適齡期▼2歲5個月～

在這裡我特別來介紹一下五感之中能夠刺激「觸覺」的遊戲。首先準備2個束口袋，為了不要看到裡面的東西最好用橡皮筋綁起來比較理想。在袋子裡放入幾種觸感不一的東西，例如：曬衣夾、橡木果、橡皮擦、海綿……等等，而在另一個袋子裡也放同樣的東西進去。

準備好之後父母先從其中1個袋子裡拿出東西，如果是出現橡木果的話跟孩子說：「從你的袋子裡試著找找看跟這個一樣的東西」，訂定規則說不要看袋子裡面而是用手感受到的觸感去抓，這時孩子會憑靠手的觸感來找出指定的東西，因為無法用眼睛確認所以會讓觸覺神經變得特別敏銳。

同樣的玩法也可以拿布來試試看，滑滑的、蓬蓬的、毛毛的……準備各2片各式各樣觸感的布，矇著眼睛讓孩子找出相同質地的布。

這時可以使用「滑滑的耶」、「蓬蓬的耶」這類形容狀態的詞彙幫助孩子將詞彙和觸感記憶在腦海中。

》刺激觸覺的「神秘布袋」

●袋子裡放入曬衣夾、橡木果、橡皮擦、海綿⋯等幾種觸感不一的東西，讓孩子憑靠手的觸感來找出指定的東西

Chapter
7

POINT
●「硬梆梆的」、「蓬蓬的」等形容狀態的詞彙容易與觸感一起記憶

良好的人際關係養成「社會性」的心流

溝通能力是所有能力的基礎。
「社會性」愈高，就會有愈多優秀的人靠近
使人生變得充實。
為了激發出「自我」、「人際」的能力
以下來介紹相關的啟蒙活動。

31 玩手鏡

適齡期▼0個月～

想要和他人建立良好人際關係的話，必須要學會察覺對方的情感和其變化。理解對方的心境才有辦法做到在乎對方感受的應對，不過要了解對方的感受必須要先充分了解自己本身才可以。沒有辦法掌握自我感受和價值觀的人很難推測出周圍的人們到底是什麼樣的感受，通常人際關係經營得不錯的成人平常也會不斷地自省且非常了解自己。

相同的道理也可以套用在小寶寶身上。首先要透過認識「自己」來了解他人，進而培養出良好的關係。

認識自己的第一步可以讓孩子拿手鏡看自己的樣貌，見到映照在鏡子裡的自己可以認知到「原來我是長這個樣子生存在這個世界上啊」。比起被固定住的大鏡子，手鏡比較好的原因是可以自由轉換角度來觀察自己，大多數的孩子看到自己映照在鏡子裡會非常專注目不轉睛地看著自己的臉，對小寶寶來說面對自己的時間也是非常可貴的體驗。

》拿手鏡觀察自己

●手鏡的好處是可以自由轉換角度來觀察自己

Chapter
8

POINT ●拿手鏡看自己的樣貌是認識自己的第一步

32 遮臉躲貓貓

適齡期▼2個月～

「遮臉躲貓貓」是逗孩子常見的遊戲，小寶寶會露出非常多樣的表情表達喜悅。

為了想要看寶寶高興的表情，應該有不少家長自然而然會做出遮臉躲貓貓。乍看之下雖然說是非常簡單的遊戲，不過這是小寶寶可以藉此認知到自己以外的「人」很好的機會，不斷地重複還可以增進彼此的信任感。

用手掌或是毛巾遮住臉時，小寶寶會開始預測「雖然暫時看不到對方的臉，不過馬上就可以看媽媽的臉了」，接著過了幾秒後這個推測變成了事實所以會高興地咯咯大笑起來，心理期待地想著「到底什麼時候才看得到臉呢」。

遮臉躲貓貓不管玩幾百遍孩子們都會很高興，不過一直重複同樣的動作總會有疲乏的時候。

為了避免這種情形發生，試著變換時機看看吧。偶爾把遮住臉的時間拉長，這時孩子會懷疑說「嗯？真的有在嗎？」變得更專心。

另外也可以換個方式來玩，將毛巾蓋在孩子的臉上而不是父母把臉遮起來，讓孩子自己決定什麼時候把毛巾拿下來，這樣相信孩子也會玩得不亦樂乎。

》認知他人存在的「遮臉躲貓貓」

●把臉遮起來時小寶寶會開始預測「雖然暫時看不到對方的臉，不過馬上就可以看媽媽的臉了」

●這個推測變成了事實後孩子會很高興

Chapter 8

POINT ●變換遮臉躲貓貓的時機可以避免一成不變的情形

33 對話一來一往

適齡期▼3個月～

不可以因為孩子還不會說話就擅自進行，例如：為了收拾玩具對孩子說：「給我」把還拿在手上的玩具拿走……如果這麼做孩子只會留下「被迫拿走玩具了」的印象，即使是小寶寶也是人，請千萬記得一定要藉由對話來進行溝通。

如果想要叫他把拿在手上的玩具交出來的話，可以向孩子說：「這個玩具交給媽媽」伸出手，雖然當下不會馬上對玩具鬆手，不過要有耐心地盡可能等待不要硬搶。交出來之後要跟他說：「謝謝」，如果還是不交出來的話就說：「可以等一下再給喔」先行作罷。

關鍵在於順著孩子的意願。

透過這一連串的行為可以讓孩子在學會溝通的同時，還能夠信任對方。

首先從家長信任孩子做起，否則孩子也是無法信任父母的。

》建立親子間信任關係的溝通

●硬是搶走玩具無法建立起與孩子間的信任關係

●要讓孩子先鬆手，等待是關鍵

Chapter
8

POINT

●放開玩具後要跟他說：「謝謝」
●如果不交出來的話就說：「可以等一下再給喔」作罷也無妨

34 不同年齡層之間的交流

適齡期▼3個月～

在Chapter2裡提到現代的日本由於是以核心家庭為主，有愈來愈多孩子除了父母以外沒有跟其他大人有來往，這種情況對大人來說也是很不好的。我小孩還小的時候幾乎沒有和自己家人以外的人交流過，正因為這份空虛感導致有段時期只要來到公園凡是見到其他親子時都會去搭話。

孩子是藉由學習各式各樣的價值觀後接受與自己不同的價值觀，而漸漸變得有辦法和他人進行溝通。

如果有感情不錯平時就有交流的家庭的話，可以相約一起去露營，讓孩子有機會和自己父母以外的大人交流。

積極參加才藝班也可以，上同一個才藝班就有綿延不絕的共同話題，大人之間也可以變得要好，也非常建議參加社區的團體或社團。

讓孩子去到男女老少聚集的地方接觸各式各樣的價值觀後，會變得比較不膽怯，也能夠為將來與人建立起良好的人際關係上打基礎。

》露營是交流的好機會

●露營有許多必須一起進行的活動，對孩子而言是和各種年齡層的人溝通的最佳場合

Chapter 8

POINT ●另外像是參加才藝班或社區的團體、社團也很推薦

35 找出同伴

適齡期▼1歲～

孩子會藉由意識自己和他人不同來強烈認知「自己」的存在，也就是說掌握住個別的差異做出區別是很重要的一步。

「找出同伴」是區分差異的遊戲之一。例如：準備幾張男孩子和女孩子的照片（插圖）讓孩子選出和自己相同的性別「男孩子（女孩子）」，或是用「小孩」和「大人」來分類也可以。接著可以應用成「水果」和「蔬菜」、「動物」和「魚類」這種分法孩子也會玩得不亦樂乎。

也有拿實體來玩的方式，例如：給孩子出題說從家裡的玩具球中「找出紅色的」、「接下來找藍色的」試著找出同伴，另外也可以趁幫忙的同時說：「把小○○和爸爸的衣服分開」這種分類方法。

像這樣依照不同類別分類的過程中可以學習到，世界上除了「自己」以外還有好多同伴。

》區分自己和他人的「找出同伴」

●用圖卡來找出同伴

Chapter 8

POINT ●除了圖卡之外還可以拿球、衣服等實際的物體來做分組也很好玩

36 玩黏土

適齡期▼1歲5個月～

孩子們最喜歡玩黏土了，依自我的意識可以不斷地去改變黏土的形狀是多麼有趣的事情，放任他們去玩則有辦法玩到忘我的孩子也不算少數。

想必大家還殘留著幼少時期的記憶，玩黏土玩到忘我的境界時就表示正沉浸在自己的世界裡，在腦海中編織著自己獨創的故事。

專注在某件事情上的時間最適合拿來面對「自己」了。

專注在做陶藝時，即使是大人也會感到心無旁鶩且煥然一新，而對孩子來說這種時間可以發覺自己的感受且對於情感控制是非常重要的過程。

不只是黏土，像是玩泥巴或玩水都是容易玩到忘我的遊戲。或是拿史萊姆（水晶黏土）來代替黏土也可以。

》可以沉浸在自己世界的「玩黏土遊戲」

●捏黏土時在腦海中編織自己獨創的故事，沉浸在自己的世界

Chapter 8

POINT　●容易玩到忘我的遊戲有玩泥巴、玩水、史萊姆（水晶黏土）等等

37 橡皮繩遊戲

適齡期▼1歲5個月～

如果有1條比較長的橡皮繩的話可以發展出好多種遊戲出來，包含孩子有3個人以上的情況下我最推薦拉扯橡皮繩的遊戲。

各自抓住成環狀的橡皮繩的一角互相拉扯，其中一個人拉的力量比較強的話其他人就會重心不穩容易跌倒，透過這樣的經驗可以學習到因為他人自己會受到影響，反之自己的行為也會影響到對方。

若孩子還小還抓不住橡皮繩的話，也可以在大人抱著的狀態下一起抓住橡皮繩。

孩子們召集三五好友玩團體遊戲可以刺激「人際」的智能，增進孩子的溝通能力。

有機會參加媽媽們之間的餐會時，如果只有媽媽之間在聊天的話就太可惜了！因為這是非常難得的機會，應該要來進行團體活動。

在幼稚園廣受歡迎的Para-balloon（一群人一起抓著布的邊邊看準時機一起上下或旋轉的教具）也可以拿家裡的床單或大塊的布來模仿。

》意識到他人的「橡皮繩遊戲」

●大家一起抓住成環狀的橡皮繩互相拉扯

Chapter
8

POINT ●因為力道的強弱會影響到自己或他人使重心變得不穩，可以藉此學習造成的影響是互相的

38 情感表達卡

適齡期▼1歲6個月～

小寶寶開始放聲大哭或是引發癲癇的原因和情感並非千篇一律，是難過還是不甘心、生氣、無聊、寂寞……家長有時也會因為不知道是什麼原因而感到困惑吧。

還無法和孩子對話進行溝通的階段可以利用「情感表達卡」，準備「難過」、「在生氣」、「無聊」、「開心」等這些情感表情的卡片問孩子說：「現在是什麼樣的心情呢？」，接著選出貼近自己情感的卡片後發現「因為無聊所以哭囉」體會孩子的情感。

利用情感表達卡可以幫助孩子去整理自己的情感。

「因為難過所以在哭」、「因為開心所以笑開懷」像這樣的發現對於心靈成長來說是非常重要的過程，另外讓父母了解到自己的感受可以令孩子安心，精神狀況也會比較穩定。

順帶一提，情感表達卡原本的用途是針對自閉症孩子的道具，不過也可以當作確認自己情感的輔助道具。

》促進溝通的「情感表達卡」

●準備各種表現情感的表情卡片後讓孩子選出貼近自己情感的卡片

Chapter 8

POINT	●抽出卡片後說：「因為無聊所以哭囉」體會孩子的情感 ●情感表達卡如果有太多種類會引起混亂，所以準備大約 4 ～ 5 種為佳

39 火車遊戲

適齡期▼2歲～

火車遊戲也是大受孩子們歡迎的遊戲之一。

2人以上排成直線後用繩子或是線圈當作火車的車體一起前進，有時孩子會自由地走動，有時會決定目的地移動。

乍看之下只不過是個單純的遊戲，不過複數的孩子要一起順利地移動必須彼此配合步伐才行，其中如果有速度比較慢的孩子的話其他小朋友就必須放慢速度，也要去應對想加入的新成員或是想離開隊伍的孩子。如果只自顧自行動的話會出現跌倒或是生氣的孩子，誰要站在前頭擔任車頭也有可能會引起爭議。

無論如何要玩得開心就必須顧慮到其他成員的感受，而溝通是不可或缺的。

一群孩子聚在一起時讓他們玩玩看火車遊戲吧，當然大人一起參與也很好喔！

》藉由「火車遊戲」學習溝通

●用繩子或是線圈當作火車的車體一起移動

Chapter 8

POINT ●要玩得開心必須要顧慮到其他成員的感受，可以認知到進行溝通的重要性

40 來做自己的分身吧

適齡期▼3歲～

讓孩子去認識身體也是面對「自己」的重要過程，以客觀的角度觀察自己的身體可以幫助認識自己。

例如：描繪孩子全身的輪廓，在幼稚園也會常常讓孩子們這麼做，非常受到孩子們的喜愛。

準備大張的壁報紙（包裝紙等也可以）後讓孩子躺在紙上順著身體的曲線描繪，接著讓孩子畫出等比例的自己。幼稚園的小朋友們會畫出自己喜歡的衣服形狀和顏色、還有理想的髮型或髮飾樂在其中，甚至還有孩子會把完成的畫當作娃娃很寶貝甚至還會跟它說話，平時很少有機會俯瞰自己的身體所以會出現各式各樣的反應。

更簡單的方法還有「畫手印」這個遊戲，順著手的輪廓描繪手掌和手指的形狀能夠以客觀的角度審視自己的身體。用黏土做手印也可以。

》畫出等比例的自己

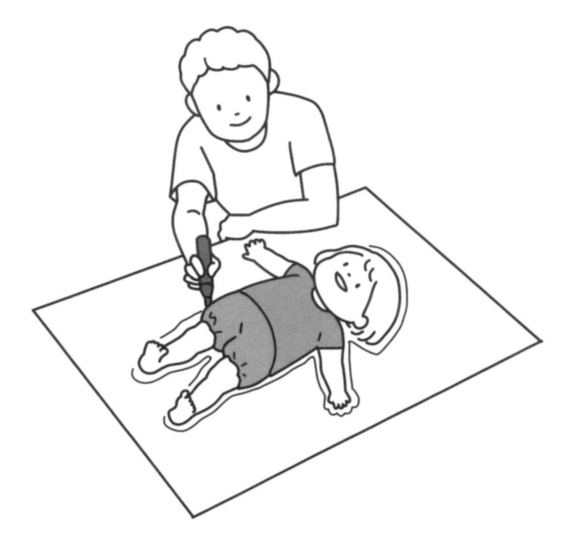

●準備大張的壁報紙讓孩子躺在紙上順著身體的曲線描繪

●完成等比例的身體輪廓後讓孩子用蠟筆自由地塗顏色或是畫上衣服

Memo

Super Kid 15

蒙特梭利X多元智能親子教育

0~6歲關鍵期，陪孩子開發全方位潛能！

蒙特梭利X多元智能親子教育：0-6歲關鍵期,陪孩子開發全方位潛能! / 伊藤美佳著；劉艾茹譯. -- 初版. -- 臺北市：八方出版, 2020.02
面；　公分. -- (Super kid ; 15)
ISBN 978-986-381-214-2(平裝)
1.育兒 2.親職教育 3.蒙特梭利教學法
428.8　　108022481

2020年2月20日　初版第1刷　定價370元

著者　伊藤美佳
譯者　劉艾茹
總編輯　賴巧淩
編輯　洪季楨・陳亭安
封面設計　王舒玗
發行所　八方出版股份有限公司
發行人　林建仲
地址　台北市中山區長安東路二段171號3樓3室
電話　(02)2777-3682
傳真　(02)2777-3672
總經銷　聯合發行股份有限公司
地址　新北市新店區寶橋路235巷6弄6號2樓
電話　(02)2917-8022・(02)2917-8042
製版廠　造極彩色印刷製版股份有限公司
地址　新北市中和區中山路2段340巷36號
電話　(02)2240-0333・(02)2248-3904
印刷廠　皇甫彩藝印刷股份有限公司
地址　新北市中和區中正路988巷10號
電話　(02)3234-5871
郵撥帳戶　八方出版股份有限公司
郵撥帳號　19809050